G. Udhaya Sankar
C. Ganesa Moorthy

Matematyka w naukach o materiałach

G. Udhaya Sankar
C. Ganesa Moorthy

Matematyka w naukach o materiałach

dla studiów w klasie

Wydawnictwo Bezkresy Wiedzy

Imprint

Cover image: www.ingimage.com

Publisher:
Wydawnictwo Bezkresy Wiedzy
is a trademark of
International Book Market Service Ltd., member of OmniScriptum Publishing Group
17 Meldrum Street, Beau Bassin 71504, Mauritius

Printed at: see last page
ISBN: 978-620-0-54524-4

Drogi czytelniku,

książka, którą posiadasz, została pierwotnie wydana pod tytułem "Mathematics in Material Science", ISBN 978-620-0-08424-8.

Jego publikacja w języku polskim jest możliwa dzięki zastosowaniu najbardziej zaawansowanej sztucznej inteligencji dla języków.

Technologia ta, uhonorowana pierwszą w historii Honorową Nagrodą Sztucznej Inteligencji w Berlinie we wrześniu 2019 r., naśladuje sposób działania ludzkiego mózgu, dzięki czemu jest w stanie uchwycić i przetłumaczyć nawet najmniejsze niuanse w bezprecedensowy sposób.

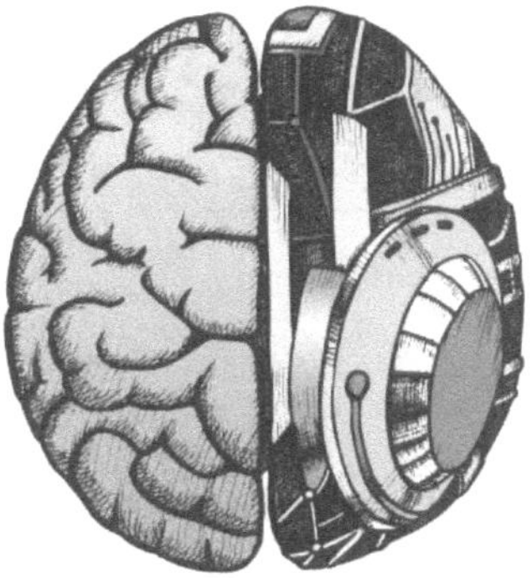

Mamy nadzieję, że znajdą Państwo wiele satysfakcji z tej książki i uprzejmie prosimy o uwzględnienie wszelkich rozbieżności językowych, które mogłyby wyniknąć z tego procesu.

Miłego czytania!

Wydawnictwo Bezkresy Wiedzy

Matematyka w Materiałoznawstwo

Dr. C. Ganesa Moorthy M.Sc., M.phil., PhD., P.G.D.C.A.

Profesor matematyki

Uniwersytet w Alagappie

&

Mgr G. Udhaya Sankar,

Wydział Fizyki

Uniwersytet w Alagappie

O autorach:

Dr. C. Ganesa Moorthy M.Sc., M.phil., PhD., P.G.D.C.A.

Dr C. Ganesa Moorthy pracuje jako profesor na wydziale matematyki Uniwersytetu w Alagappa i ma około 34 lata doświadczenia akademickiego w nauczaniu i badaniach. Opublikował 57 artykułów w renomowanych czasopismach oraz wydał 2 książki. Rozwiązał 50-letni otwarty problem dla swojego doktora filozofii, a rozwiązanie to zostało opublikowane w "Mathematice" w 1992 roku. Jest uznanym teoretykiem w Indiach.

E-mail: ganesamoorthyc@gmail.com

Mgr G. Udhaya Sankar,

G. Udhaya Sankar jest młodym indyjskim naukowcem; urodził się w Virudhunagar 20 kwietnia 1996 roku. Naukę rozpoczął w Liceum Ogólnokształcącym w Kamban Karpagam, Karaikudi, gdzie w 2010 r. otrzymał nagrodę dla najlepszego ucznia, a w 2012 r. został uznany za Kapitana Zielonego Domu dla Sportu. Ukończył studia licencjackie z fizyki w Thiagarajar college (2013-2016). Uzyskał tytuł magistra fizyki na Uniwersytecie w Alagappa (2016-2018). W tym okresie był bardzo zainteresowany pracą badawczą i opublikował wiele artykułów i książek. Obecnie jest bardzo dobrym badaczem na Uniwersytecie w Alagappa i pracuje w dziedzinie teoretycznej fizyki obliczeniowej oraz fizyki stosowanej (Nanonauka i technika). Jest członkiem zespołu redakcyjnego trzech czasopism, mianowicie Modern Materials Science and Technology (Whioce Publishing Pvt ltd., Singapur), Energies (OA Journal) (EnPress Publisher LLC., Stany Zjednoczone), Energy and sustainable development (Bio-Byword Scientific Publishing., Malezja). Jest recenzentem w sieci czasopisma science index, a mianowicie: Applied Energy - (Elsevier, Holandia/Niemcy), a w 2019 roku został nagrodzony jako najlepszy recenzent. Jest również recenzentem w Fundamental Journal of Mathematics and Applications - (Dergipark, Turcja). Napisał książkę w wieku 22 lat, a tytuł książki to "Planety i fale elektromagnetyczne" ISBN: 9789386518835, 938651883X.

E-mail: udhaya.sankar.20@gmail.com

PREFACE

Ta książka "Matematyka w naukach o materiałach" składa się oczywiście z trzech komponentów, a mianowicie: nauki o materiałach, matematyka, zastosowania. Ta książka ma swoją własną strukturę. Zaczyna się od wprowadzenia do materialistyki. Po tym wprowadzeniu, matematyka stosowana ogólnie w naukach o materiałach została wprowadzona w popularny sposób. Wszystko w naszym świecie fizycznym jest materiałem z wyjątkiem energii i pustki. Tak więc, każdy naukowy fakt dotyczący wszystkich takich rzeczy może być objęty nauką o materiałach. W szczególności dotyczy to również nanomateriałów i nanotechnologii. Odrębny rozdział jest napisany dla zastosowań matematyki w nanotechnologii. W szczególności przedstawiono zastosowania metod numerycznych, rachunku zmienności, geometrii wektora topologicznego oraz wymiarów fraktalnych w dziedzinie nanotechnologii. Inną wersją matematyki jest symulacja w zakresie algorytmów. Przegląd zastosowań matematyki i symulacji został przedstawiony w innym rozdziale. Jak zwykle książka kończy się rozdziałem zawierającym wnioski i bibliografię. Jest to książka, która w nieformalny sposób przedstawia matematykę i nauki o materiałach. Niniejsza książka została napisana przez **Dr. C. Ganesa Moorthy** (profesor, Wydział Matematyki, Uniwersytet Alagappa, INDIA) przy wsparciu finansowym RUSA - Phase 2.0 grant sanctioned video Letter No. F. 24-51/2014-U, Policy (TNMulti-Gen), Dept. of Edn, Govt. of India, Dt. 09.10.2018.

SPIS TREŚCI

ROZDZIAŁ- 1

Wprowadzenie dotyczące materiałoznawstwa

Wprowadzenie:

Materiały są najważniejszymi rzeczami, które skutecznie prowadzą nasz świat. Materiały mogą być klasyfikowane według różnych parametrów, takich jak stany elektroniczne, układy krystaliczne i symetryczny charakter kryształów. Dlatego też najczęściej klasyfikowane systemy materiałowe można znaleźć w tabeli zwanej tablicą okresową, która została utworzona przez unię "International Union of Pure and Applied Chemistry". Rysunek 1 i tabela 1 przedstawiają układ elementów (materiałów) w układzie okresowym, a tabela przedstawia konfiguracje elektroniczne elementów [1].

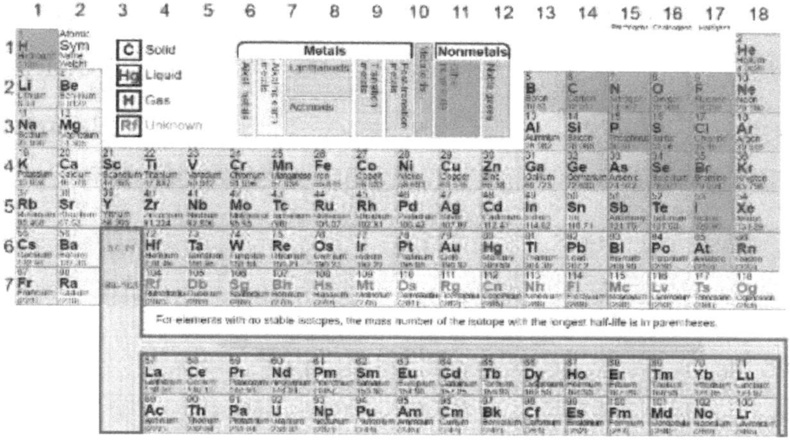

Rysunek 1: Elementy w tabeli okresowej

<u>Tabela 1:</u> Dostępne elementy i ich konfiguracje elektroniczne

Nazwa	Symbol	AtomicWeight	Odkrycie (Rok)	Konfiguracja elektroniczna
Wodór	H	1.008	1776	1s1
Hel	On	4.003	1895	1s2
Lit	Li	6.941	1817	[On] 2s1
Beryl	Być	9.012	1797	[On] 2s2
Boron	B	10.811	1808	[On] 2s2 2p1
Carbon	C	12.011	starożytny	[On] 2s2 2p2
Azot	N	14.007	1772	[On] 2s2 2p3

Tlen	O	15.999	1774	[On] 2s2 2p4
Fluor	F	18.998	1886	2s2 2p5 [He]
Neon	Ne	20.180	1898	[On] 2s2 2p6
Sód	Na	22.990	1807	[Ne] 3s1
Magnez	Mg	24.305	1755	[Ne] 3s2
Aluminium	Al	26.982	1825	[Ne] 3s2 3p1
Silicon	Si	28.086	1824	[Ne] 3s2 3p2
Fosfor	P	30.974	1669	[Ne] 3s2 3p3
Siarka	S	32.065	starożytny	[Ne] 3s2 3p4
Chlor	Cl	35.453	1774	[Ne] 3s2 3p5
Argon	Ar	39.948	1894	[Ne] 3s2 3p6
Potas	K	39.098	1807	[Ar] 4s1
Wapń	Ca	40.078	1808	[Ar] 4s2
Scandium	Sc	44.956	1879	[Ar] 3d1 4s2
Tytan	Ti	47.867	1791	[Ar] 3d2 4s2
Wanad	V	50.942	1830	[Ar] 3d3 4s2
Chrom	Cr	51.996	1797	[Ar] 3d5 4s1
Mangan	Mn	54.938	1774	[Ar] 3d5 4s2
Żelazo	Fe	55.845	starożytny	[Ar] 3d6 4s2

Kobalt	Co	58.933	1735	[Ar] 3d7 4s2
Nikiel	Ni	58.693	1751	[Ar] 3d8 4s2
Miedź	Cu	63.546	starożytny	[Ar] 3d10 4s1
Cynk	Zn	65.390	starożytny	[Ar] 3d10 4s2
Gal	Ga	69.723	1875	[Ar] 3d10 4s2 4p1
Germanium	Ge	72.640	1886	[Ar] 3d10 4s2 4p2
Arsen	Jak	74.922	starożytny	[Ar] 3d10 4s2 4p3
Selen	Se	78.960	1817	[Ar] 3d10 4s2 4p4
Brom	Br	79.904	1826	[Ar] 3d10 4s2 4p5
Krypton	Kr	83.800	1898	[Ar] 3d10 4s2 4p6
Rubid	Rb	85.468	1861	[Kr] 5s1
Stront	Sr	87.620	1790	[Kr] 5s2
Itr	Y	88.906	1794	[Kr] 4d1 5s2
Cyrkon	Zr	91.224	1789	[Kr] 4d2 5s2
Niobu	Nb	92.906	1801	[Kr] 4d4 5s1
Molibdenu	Mo	95.940	1781	[Kr] 4d5 5s1
Technetium	Tc	98.000	1937	[Kr] 4d5 5s2
Ruten	Ru	101.070	1844	[Kr] 4d7 5s1
Rod	Rh	102.906	1803	[Kr] 4d8 5s1

Pallad	Pd	106.420	1803	[Kr] 4d10
Srebro	Ag	107.868	starożytny	[Kr] 4d10 5s1
Kadm	Cd	112.411	1817	[Kr] 4d10 5s2
Indy	Na stronie	114.818	1863	[Kr] 4d10 5s2 5p1
Cyna	Sn	118.710	starożytny	[Kr] 4d10 5s2 5p2
Antymonium	Sb	121.760	starożytny	[Kr] 4d10 5s2 5p3
Tellur	Te	127.600	1783	[Kr] 4d10 5s2 5p4
Jodyna	I	126.905	1811	[Kr] 4d10 5s2 5p5
Xenon	Xe	131.293	1898	[Kr] 4d10 5s2 5p6
Cez	Cs	132.906	1860	[Xe] 6s1
Barium	Ba	137.327	1808	[Xe] 6s2
Lanthanum	La	138.906	1839	[Xe] 5d1 6s2
Cerium	Ce	140.116	1803	[Xe] 4f1 5d1 6s2
Prazeodym	Pr	140.908	1885	[Xe] 4f3 6s2
Neodym	Nd	144.240	1885	[Xe] 4f4 6s2
Promethium	Pm	145.000	1945	[Xe] 4f5 6s2
Samarium	Sm	150.360	1879	[Xe] 4f6 6s2
Europ	Eu	151.964	1901	[Xe] 4f7 6s2
Gadolin	Gd	157.250	1880	[Xe] 4f7 5d1 6s2

Terb	Tb	158.925	1843	[Xe] 4f9 6s2
Dysprosium	Dy	162.500	1886	[Xe] 4f10 6s2
Holmium	Ho	164.930	1867	[Xe] 4f11 6s2
Erb	Er	167.259	1842	[Xe] 4f12 6s2
Thul	Tm	168.934	1879	[Xe] 4f13 6s2
Iterb	Yb	173.040	1878	[Xe] 4f14 6s2
Lutetium	Lu	174.967	1907	[Xe] 4f14 5d1 6s2
Hafn	Hf	178.490	1923	[Xe] 4f14 5d2 6s2
Tantal	Ta	180.948	1802	[Xe] 4f14 5d3 6s2
Wolfram	W	183.840	1783	[Xe] 4f14 5d4 6s2
Ren	Re	186.207	1925	[Xe] 4f14 5d5 6s2
Osm	Os	190.230	1803	[Xe] 4f14 5d6 6s2
Iridium	Ir	192.217	1803	[Xe] 4f14 5d7 6s2
Platyna	Pt	195.078	1735	[Xe] 4f14 5d9 6s1
Złoto	Au	196.967	starożytny	[Xe] 4f14 5d10 6s1
Merkury	Hg	200.590	starożytny	[Xe] 4f14 5d10 6s2
Tal	Tl	204.383	1861	[Xe] 4f14 5d10 6s2 6p1

Ołów	Pb	207.200	starożytny	[Xe] 4f14 5d10 6s2 6p2
Bizmut	Bi	208.980	starożytny	[Xe] 4f14 5d10 6s2 6p3
Polon	Po	209.000	1898	[Xe] 4f14 5d10 6s2 6p4
Astat	Na stronie	210.000	1940	[Xe] 4f14 5d10 6s2 6p5
Radon	Rn	222.000	1900	[Xe] 4f14 5d10 6s2 6p6
Wapń	Fr	223.000	1939	[Rn] 7s1
Rad	Ra	226.000	1898	[Rn] 7s2
Actinium	Ac	227.000	1899	[Rn] 6d1 7s2
Tor	Th	232.038	1829	[Rn] 6d2 7s2
Protactinium	Pa	231.036	1913	[Rn] 5f2 6d1 7s2
Uran	U	238.029	1789	[Rn] 5f3 6d1 7s2
Neptun	Np	237.000	1940	[Rn] 5f4 6d1 7s2
Pluton	Pu	244.000	1940	[Rn] 5f6 7s2
Ameryka	Am	243.000	1944	[Rn] 5f7 7s2

Curium	Cm	247.000	1944	-
Berkelium	Bk	247.000	1949	-
Californium	Por.	251.000	1950	-
Einsteinium	Es	252.000	1952	-
Fermium	Fm	257.000	1952	-
Mendelevium	Md	258.000	1955	-
Nobelium	Nie	259.000	1958	-
Lawrencium	Lr	262.000	1961	-
Rutherfordium	Rf	261.000	1964	-
Dubnium	Db	262.000	1967	-
Seaborgium	Sg	266.000	1974	-
Bohrium	Bh	264.000	1981	-
Hassium	Hs	277.000	1984	-
Meitnerium	Mt	268.000	1982	-

Z rysunku 1 wynika, że elementy w układzie okresowym są podzielone na trzy części, a mianowicie metale, metaloidy i niemetale. W przypadku metali zmienność konfiguracji elektronicznej orbity będzie s, p, d, f i jest klasyfikowana jako metale alkaliczne, metale ziem alkalicznych, lantanoidy, aktynoidy, metale przejściowe i metale po przejściu [1]. Podobnie, niemetale są klasyfikowane do gazów szlachetnych i innych niemetali.

METALE

Alkaliczny metal:

Ta grupa metali ma zewnętrzną orbitalną konfigurację elektroniczną jako *s*. Dlatego też, metale te są naturalnie błyszczące, miękkie, wysoko reaktywne w standardowej temperaturze i ciśnieniu. Dlatego składa się z pierwiastków chemicznych: litu, sodu, potasu, rubidu, cezu i franwaju.

Alkaliczny metal ziemny:

Metale te są na ogół obecne w układzie okresowym jako grupa 2. Składa się z takich związków jak beryl, magnez, wapń, stront, bar i rad. Materiały te są błyszczące i srebrzysto-białe; nieco mogą reagować w standardowej temperaturze.

Lantanoidy (Lanthanides):

Większość elementów blokowych f i d jest rozmieszczonych pod tą grupą. Lantanowce są zgrupowane w zakresie liczby atomowej 57-71.

Aktynoidy (Actinide):

Do tej kategorii zalicza się wspólny blok f i materiały radioaktywne.

Metale przejściowe:

Metale przejściowe zajmowały ogromną powierzchnię w tabeli okresowej; zajmowały elementy od [3] do 12 grupy.

Metale po okresie przejściowym:

W lewej części elementów przejściowych znajdują się grupy po stronie przejścia. Tego typu elementy mają niską temperaturę topnienia, miękką naturę i niską stabilność mechaniczną.

NON-METALS:

Gazy szlachetne:

Gazy szlachetne nazywane są również gazami obojętnymi; czasami nazywane są aerogenami. Istnieje sześć gazów szlachetnych, które występują naturalnie - hel, neon, argon, krypton, ksenon, radon radioaktywny i Oganesson.

Reaktywne niemetalowe:

Najczęściej spotykane niemetale to fluor i tlen; mają one charakter wysoce reaktywny z innymi metalami. Dlatego też fluor i tlen nazywane są również niemetalami reaktywnymi.

Metaloidy:

Metalloid posiada pierwiastki chemiczne, które mają właściwości pomiędzy metalem a niemetalem. W grupie 13, 14, 15, 16 znajduje się sześć wspólnych metaloidów; są to bor, krzem, german, arsen, antymon i tellur.

Poza powyższymi klasyfikacjami, każdy z elementów posiada inną grupę przestrzenną i inny układ krystaliczny [1].

Systemy kryształowe:

Dostępnych jest 14 podstawowych układów krystalicznych (rysunek).

- Sześcienny
- Tetragonalny
- Orthorhombic
- Triclinic
- Rhombohedral
- Monoklinika
- Hexagonal

System kryształów sześciennych:

<table>
<tr>
<td>System kryształowy</td>
<td>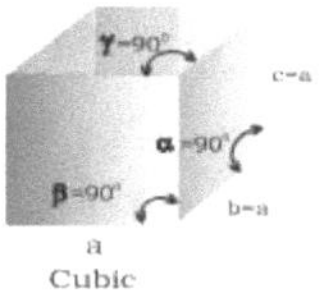
</td>
</tr>
<tr>
<td>Komórka jednostkowa</td>
<td>
</td>
</tr>
</table>

System kryształów tetragonalnych:

System kryształowy	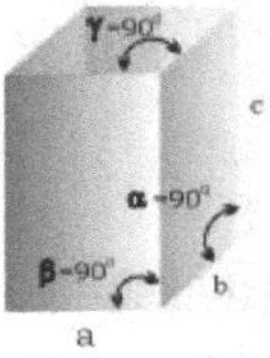 Tetragonal
Komórka jednostkowa	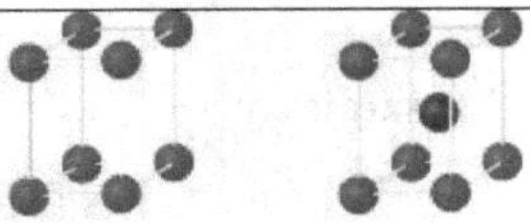 Simple Body-centered

Orthorhombowy system kryształów:

System kryształowy	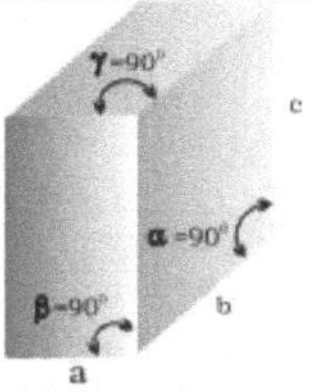 Orthorhombic
Komórka jednostkowa	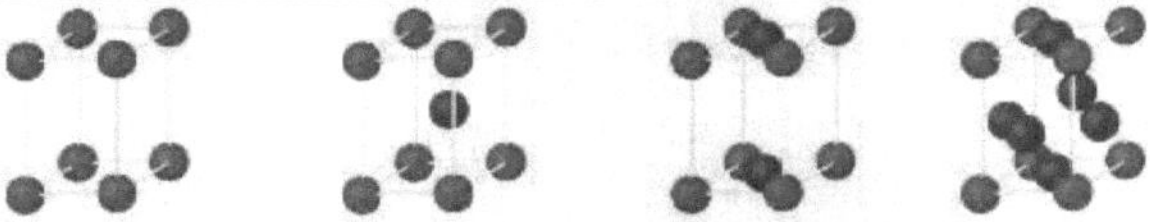 Simple Body-centered Base-centered Face-centered

System kryształów triclinicznych:

System kryształowy	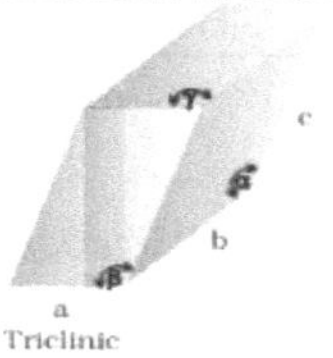
Komórka jednostkowa	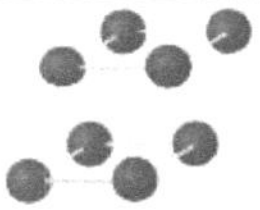 Proste

System kryształów romboedrycznych:

System kryształowy	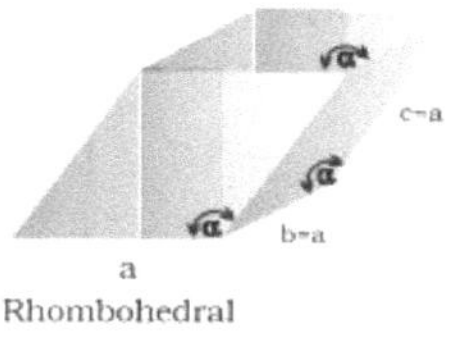

Komórka jednostkowa	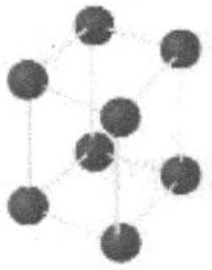 Proste

System kryształów monoklinicznych:

System kryształowy	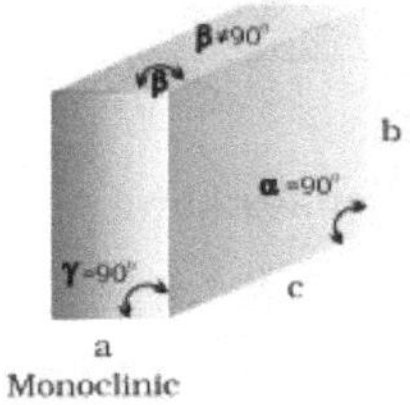
Komórka jednostkowa	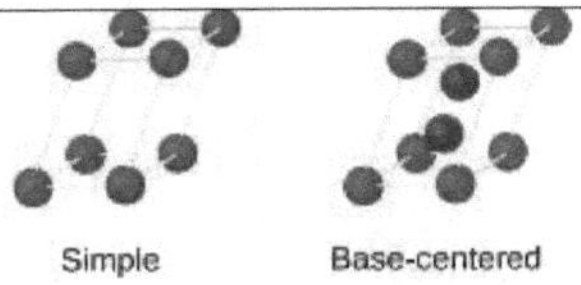

System kryształów heksagonalnych:

System kryształowy	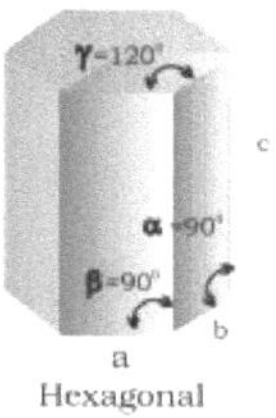
Komórka jednostkowa	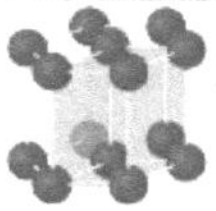 Proste

Grupy kosmiczne:

Grupy przestrzenne zostały zidentyfikowane za pomocą zapisu Hermanna-Mauguina, a zapisy Hermanna-Mauguina służą do reprezentacji elementów symetrii krystalicznej (materiałowej) [2]. Symetrię punktów kratowych można przedstawić za pomocą notacji:

- P→ prymitywny
- I → ciało wyśrodkowane
- F → twarz wyśrodkowana
- A → wyśrodkowane tylko na A twarzach
- B → wyśrodkowane tylko na B twarzach
- C → wyśrodkowane tylko na C twarzach

➢ R → rombohedryna

Grupa przestrzenna w układzie sześciennym:

Symetria grupy punktowej: Cztero-, trzykrotne składanie osi obrotu

Grupa punktowa: 5

Bravais kraty: 3

Grupa kosmiczna: 36

{\i1}Krótka klasyfikacja symboli dla grupy przestrzeni.{\i0} P23, F23, I23, P213, I213, Pm3', Pn3', Fm3', Fd3', Im3', Pa3', Ia3', P432, P4232, F432, F4132, I432, P4332, P4132, I4132, P4'3m, F4'3m, I4'3m, P4'3n, F4'3c, I4'3d, Pm3'm, Pn3'n, Pm3'n, Pn3'm, Fm3'm, Fm3'c, Fd3'm, Fd3'c, Im3'm, Ia3'd}

Grupa przestrzeni w układzie tetragonalnym:

Symetria grupy punktowej: Jedno- 4-krotna oś obrotu

Grupa punktowa: 7

Bravais kraty: 2

Grupa kosmiczna: 68

{\i1}Krótka klasyfikacja symboli dla grupy przestrzeni.{\i0} P4, P41, P42, P43, I4, I41, P4', I4', P4/m, P42/m, P4/n, P42/n, I4/m, I41/a, P422, P4212, P4122, P41212,

P4222, P42212, P432222, P43212, I422, I4122, P4mm, P4bm, P42cm, P42nm, P4cc, P4nc, P42mc, P42bc, I4mm, I4cm, I41md, I41cd, P4'2m, P4'2c, P4'$_{21m}$, P4'$_{21c}$, P4'm2, P4'c2, P4'b2, P4'n2, I4'm2, I4'c2, I4'2m, I4'2d, P4/mmm, P4/mcc, P4/nbm, P4/nnc, P4/mbm, P4/mnc, P4/nmm, P4/ncc, P42/mmc, P42/mcm, P42/nbc, P42/nnm, P42/mbc, P42/mnm, P42/nmc,P42/ncm, I4/mmm, I4/mcm, I41/amd, I41/acd }

Orthorhombic krysztaƚowej grupy kosmicznej:

Symetria grupy punktowej: Trzy- 2-krotna oś obrotu

Grupa punktowa: 3

Bravais kraty: 4

Grupa kosmiczna: 59

{\i1}Krótka klasyfikacja symboli dla grupy kosmicznej.{\i0} Pmm2, Pmc21, Pcc2, Pma2, Pca21, Pnc2, Pmn21, Pba2, Pna21, Pnn2, Cmm2, Cmc21, Ccc2, Amm2, Aem2, Ama2, Aea2, Fmm2, Fdd2, Imm2, Iba2, Ima2, Pmmm, Pnnn, Pccm, Pban, Pmma, Pnna, Pmna, Pcca, Pbam, Pccn, Pbcm, Pnnm, Pmmn, Pbcn, Pbca, Pnma, Cmcm, Cmce, Cmmm, Cccm, Ccce, Fmmm, Fddd, Immm, Ibam, Ibca, Imma}

Triclinic krysztaƚowej grupy kosmicznej:

Symetria grupy punktowej: Brak

Grupa punktowa: 2

Bravais kraty: 1

Grupa kosmiczna: 2

{\i1}Skrótka klasyfikacja symboli dla grupy przestrzeni.{\i0} P1, P1'}

Grupa kryształów romboedrycznych:

Symetria grupy punktowej: Oś obrotowa jedno-, trzykrotna

Grupa punktowa: 5

Bravais kraty: 1

Grupa kosmiczna: 25

{\i1}Skrótka klasyfikacja symboli dla grupy przestrzeni.{\i0} P3, P31, P32, R3, P3', R3', P312, P321, P3112, P3121, P3212, P3221, R32, P3ml, P31m, P3cl, P31c, R3m, R3c, P3'1m, P3'1c, P3'ml, P3'cl, R3'm, R3'c}

Monokliniczna grupa przestrzeni krystalicznej:

Symetria grupy punktowej: Jedno-, dwuskładnikowa oś obrotu

Grupa punktowa: 3

Bravais kraty: 2

Grupa kosmiczna: 13

{\i1}Krótka klasyfikacja symboli dla grupy kosmicznej.{\i0} P2, P21 C2, Pm, Pc, Cm, Cc, P2/m, P21/m

C2/m, P2/c, P21/c, C2/c}

Sześciokątna grupa przestrzeni krystalicznej:

Symetria grupy punktowej: Jedno- 6-krotna oś obrotu

Grupa punktowa: 7

Bravais kraty: 1

Grupa kosmiczna: 27

{\i1}Skrótka klasyfikacja symboli dla grupy przestrzeni.{\i0} P6, P61, P65, P62, P64, P63, P6', P6/m, P63/m, P622, P6122, P6522, P6222, P6422, P6322, P6mm, P6cc, P63cm, P63mc, P6'm2 , P6'c2, P6'2m, P6'2c, P6/mmm, P6/mcc, P63/mcm, P63/mmc}

ROZDZIAŁ- 2

Matematyka podstawowa z zakresu materiałoznawstwa

Matematyka jest pięknym językiem, który określa wszystko we wszechświecie. Dlatego też matematyka odgrywa ważną rolę w chemii i fizyce przy analizie związków materiałowych w tabelach okresowych. Omówmy więc w tym rozdziale kilka podstawowych technik matematycznych.

Klasyfikacja przedmiotów matematycznych:

- Algebra i analiza
- Teoria Fractal
- Integralne transformacje
- Równania różnicowe
- Logika rozmyta
- Przestrzenie wektorowe
- Funkcje specjalne
- Analiza metodą elementów skończonych
- Metody numeryczne
- Obliczanie zmian

Algebra i analiza:

Nowatorskie projekty urządzeń inżynieryjnych wykonywane są z wykorzystaniem materiałów. Analiza wydajności materiałów zależy od projektu. W ten sposób technolodzy modyfikowali materiały do wysokich naprężeń lub zbyt wysokiej koncentracji naprężeń w produkcji. W tym celu, algebra może być używana z pewnymi sformułowaniami na GAP (Computational discrete algebraic package) [3]. GAP jest potężnym narzędziem obliczeniowym dla teorii grupowej do klasyfikacji struktur krystalicznych z półprzewodnikową strukturą elektroniczną.

Jeden przykład: Symetryczne działanie materiałów

Weźmy pod uwagę trójkąt o równej płaszczyźnie obrotu (60°) z pochodzeniem jako środkiem masy, dla materiału przedstawionego na rys. 2. Operacja może być wykonana zgodnie z ruchem wskazówek zegara lub przeciwnie do ruchu wskazówek zegara w warunkach permutacji.

$$A = \begin{pmatrix} 1 & 2 & 3 \\ 2 & 1 & 3 \end{pmatrix}; B = \begin{pmatrix} 1 & 2 & 3 \\ 1 & 3 & 2 \end{pmatrix}; C = \begin{pmatrix} 1 & 2 & 3 \\ 3 & 2 & 1 \end{pmatrix}$$

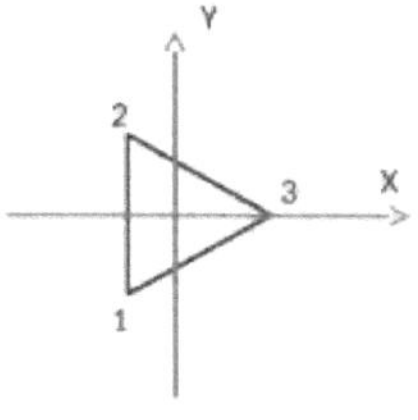

Rysunek 2: symetryczne działanie kryształów

Wyniki mogą zostać wygenerowane przez program przy pomocy GAP dla odpowiednich matryc

$$A = \begin{pmatrix} 1 & 0 \\ 0 & -1 \end{pmatrix}; B = \begin{pmatrix} -\frac{1}{2} & \frac{\sqrt{3}}{2} \\ \frac{\sqrt{3}}{2} & \frac{1}{2} \end{pmatrix}; C = \begin{pmatrix} -\frac{1}{2} & -\frac{\sqrt{3}}{2} \\ -\frac{\sqrt{3}}{2} & \frac{1}{2} \end{pmatrix}$$

poprzez GAP, można znaleźć grupę przestrzeni C3v dla naszego materiału modelowego.

Frakcyjna teoria:

Jak dotąd, naukowcy wykorzystują matematykę wraz z systemami do badania i poznawania natury cząstek w dziedzinie nanotechnologii. Teoria wymiarów fraktalnych odgrywa istotną rolę w określaniu interpolowanej lub ekstrapolowanej struktury i natury morfologicznej [4]. Na rys. 3 przedstawiono syntezę fraktalną materiału [4] oraz współczynniki oceny na różnych wymiarach.

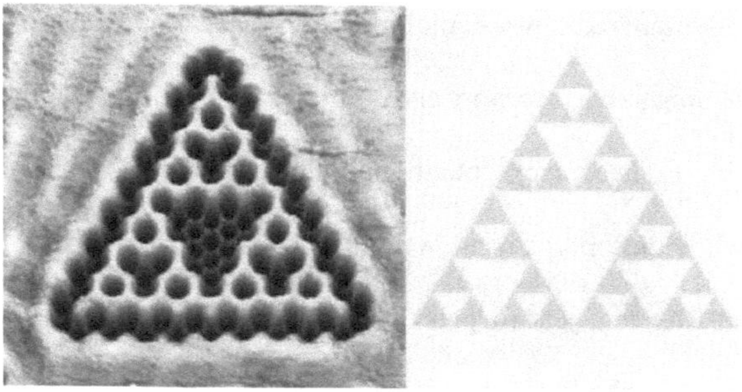

Rysunek 3: Wymiar fałdowy na materiałach

Na trójkąt,

$$\textit{Suma kwadratów prostopadłych boków} = \textit{Kwadrat po przekątnej}$$

$$\Delta x^2 + \Delta y^2 = \Delta z^2$$

Dla przykładu:

$$\left(\frac{3}{5}\right)^2 + \left(\frac{4}{5}\right)^2 = 1^2$$

Obliczono różne wymiary i za pomocą tej metody można ocenić wszystkie inne parametry, takie jak wielkość, kształt i grubość materiału.

Integralne transformacje:

Trzecie uporządkowane nieliniowe zjawiska optyczne i ich właściwości materiałów mogą być rozwiązane poprzez transformację integralną [5]. W szczególności, transformacja integralna Hilberta jest stosowana na czterech falach mieszających widm optycznych. Widma są badane przez koherentne anty-drgawki rozpraszania Ramana; jest rozpatrywany dla zjawisk mieszania fal z integralnym przetwarzania kształtu linii, aby ocenić nieliniową naturę optyczną.

Tutaj nieliniowość jest wykonywana tylko wtedy, gdy stosunek między wrażliwością *Ramana a wrażliwością elektroniczną*

Równania różniczkowe:

Fizyka skondensowanej materii wymaga oprogramowania takiego jak Scilab, które zna orientację cząstek, polimeru lub materiału sypkiego. Oprogramowanie to jest w pełni oparte na równaniach różniczkowych. Ściana szczelinowa pozwala na dwa rodzaje równań różniczkowych do rozwiązywania problemów dotyczących orientacji materiałów. Są,

- Zróżnicowanie liczbowe (zbliżenie do zwykłych klasycznych instrumentów pochodnych)
- Zwykłe równania różniczkowe

Różnica liczbowa to nic innego jak geometryczna wartość derywacji wraz z liniowym przybliżeniem do krzywych. Tam działanie liniowe można różnicować z różnicami w przód, w środku i w tył.

Za różnicę w przód:

$$f'(x_k) \approx \frac{f(x_{k+1}) - f(x_k)}{x_{k+1} - x_k}$$

Dla centralnej różnicy:

$$f'(x_k) \approx \frac{f(x_{k+1}) - f(x_{k-1})}{x_{k+1} - x_{k-1}}$$

Dla różnicy w tyłku:

$$f'(x_k) \approx \frac{f(x_k) - f(x_{k-1})}{x_k - x_{k-1}}$$

Tutaj $f(x_{k-1}), f(x_k), f(x_{k+1}), x_{k+1}, x_k$ oraz x_{k-1} są skrzyżowaniami siatki dla kryształu/cząsteczek [6].

Powyższe trzy zależności dają przybliżone operacje na krzywej liniowej dla dowolnych materiałów; gdzie dla węzłów można przeprowadzić operacje symetrycznego siatki.

Zwykłe równania różniczkowe podają osie orientacyjne drobnej mikro-nie-cząsteczki z siatką są pokazane na rysunku 4. Ogólna prosta forma zwykłego równania różniczkowego to

$$f(x) = \frac{dy}{dx}$$

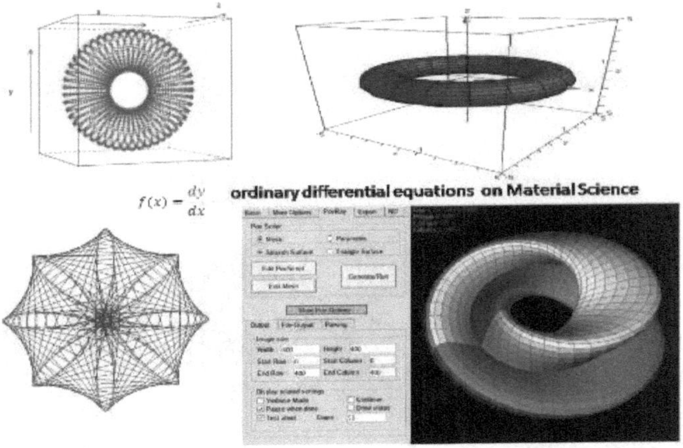

Rysunek 4: Rola równania różniczkowego w materiałoznawstwie

Rozmyta logika:

Logiczne myślenie jest najważniejszą rzeczą w prowadzeniu prac badawczych. Podobnie, logika rozmyta odgrywa istotną rolę w doborze materiałów do projektowania zastosowań inżynieryjnych. Funkcja mechaniczna na urządzeniu wymaga dobrej wydajności. Dlatego też dobór materiału jest ważniejszy dla optymalizacji parametrów i wydajności [7].

Funkcje logiki rozmytej są wykorzystywane do optymalizacji właściwości materiałów za pomocą funkcji członkowskich, które nazywane są zestawami rozmytymi. Rozważcie zestaw A.

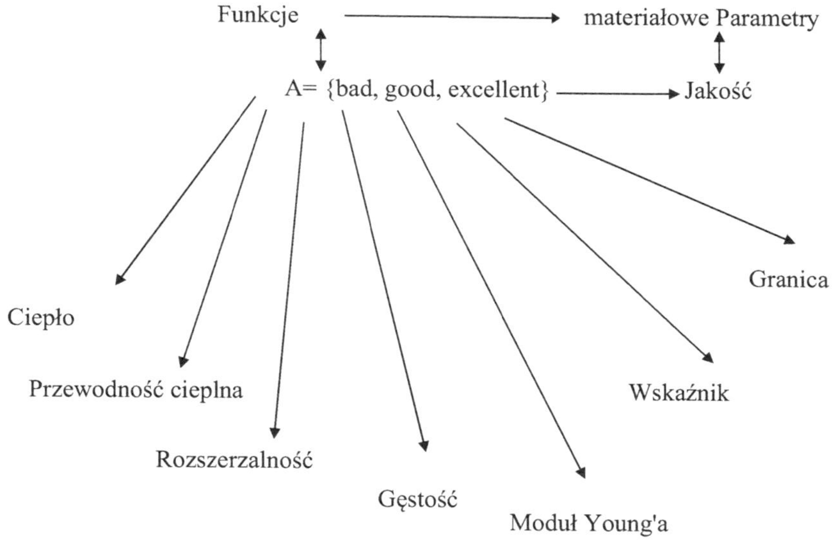

Zestaw A pomaga znaleźć naturę materiału - dobrą, doskonałą i złą dla parametrów.

Przestrzenie wektorowe:

Dekompozycja pojedynczej wartości (SVD) jest funkcją, która jest używana do dekompozycji obrazu 2D i 3D na pojedynczy produkt wyjściowy. Wspólne funkcje SVD mają zarówno matrycę jak i podstawowy wektor. Część matrycowa jest mieszana z rzeczywistą (m × n) i złożone (Z).

Na przykład:

Dekompozycja wartości pojedynczej jest

$$Z = U\Sigma V$$

Gdzie,

U =(m × n)- rzeczywista funkcja

Z= Funkcja złożona

V= lewy wektor pojedynczy lub prawy wektor pojedynczy dla Z i U

Równanie to jest stosowane w przetwarzaniu obrazu materiałów, a końcowe wyniki kompresji obrazu są przedstawione na rysunku 5.

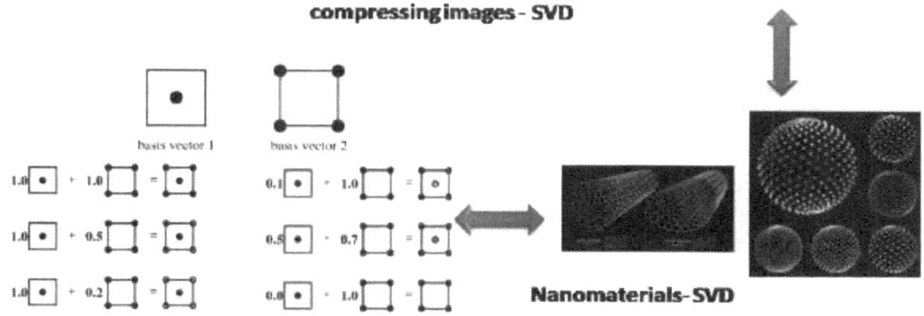

Rysunek 5: Proces kompresji obrazu na materiałach poprzez przestrzenie wektorowe

Funkcje specjalne:

Funkcje serii, takie jak Harmonic, Geometric, Convergence i Infinite Series, pomagają przekształcić świat materialny oddziałujących systemów ze świata fizycznego w cyfrowy. Funkcje specjalne, takie jak Laplace, Helmholtz Gamma i funkcje Beta, mogą być wykorzystywane do prowadzenia danych do projektowania materiałów. Materiały krystaliczne, nanomateriały i polimery są projektowane przy użyciu specjalnych funkcji, jak pokazano na rysunku 6.

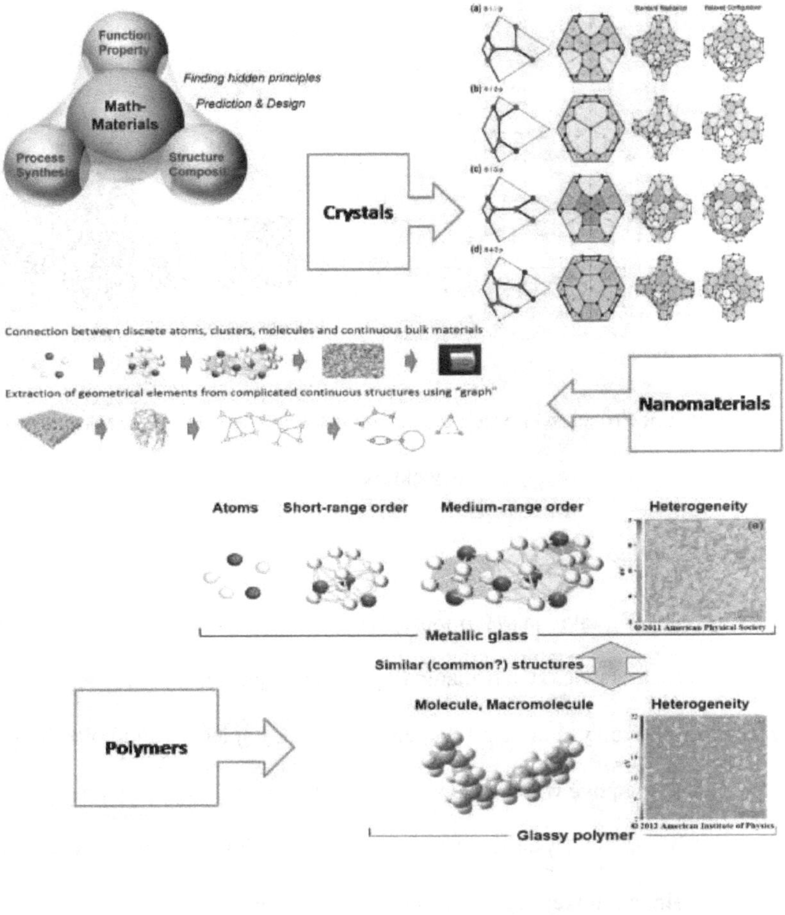

Rysunek 6: Konstrukcja kryształu, nanomateriału i polimeru

Tutaj nowy etap rozwoju w badaniach nad materiałami prowadzi do znalezienia wspólnych mechanizmów ukrytych w złożonym systemie materiałowym [8]. Funkcje specjalne są wykorzystywane tylko w komputerowych badaniach materiałów.

Analiza metodą elementów skończonych:

Większość materiałów kompozytowych została poddana próbie rozciągania i próbie naprężeń termicznych dla różnych zastosowań. Na tym etapie analiza metodą elementów skończonych pozwoliła na poznanie dokładnych funkcji materiału wraz z jego właściwościami, które czynią urządzenie bardziej odpowiednim dla przypadkowej ilości zastosowań [9].

Analiza metodą elementów skończonych zajmuje się pewnym zestawem reguł dotyczących kalibracji nad częścią aplikacyjną. Zasady te mogą być generowane przez wspólne pomysły naukowców.

Są,

- ✓ Logiczne myślenie dla odpowiednich zastosowań
- ✓ Użyj częściowych równań różniczkowych z logicznego myślenia

- ✓ Podawaj zaprogramowane równania w pakietach oprogramowania takich jak MATLAB, COMSOL, Solid Works itp,
- ✓ Generowanie siatki nad modelowaniem urządzenia
- ✓ Kalibracja ilości siatki w odniesieniu do wymaganych parametrów
- ✓ Wyniki końcowe

Powyższe sześć wspólnych reguł należy stosować do modelowania urządzeń za pomocą częścicwych równań różniczkowych; niektóre z obrazów analizy metodą elementów skończonych pokazano na rysunkach 7 i 8.

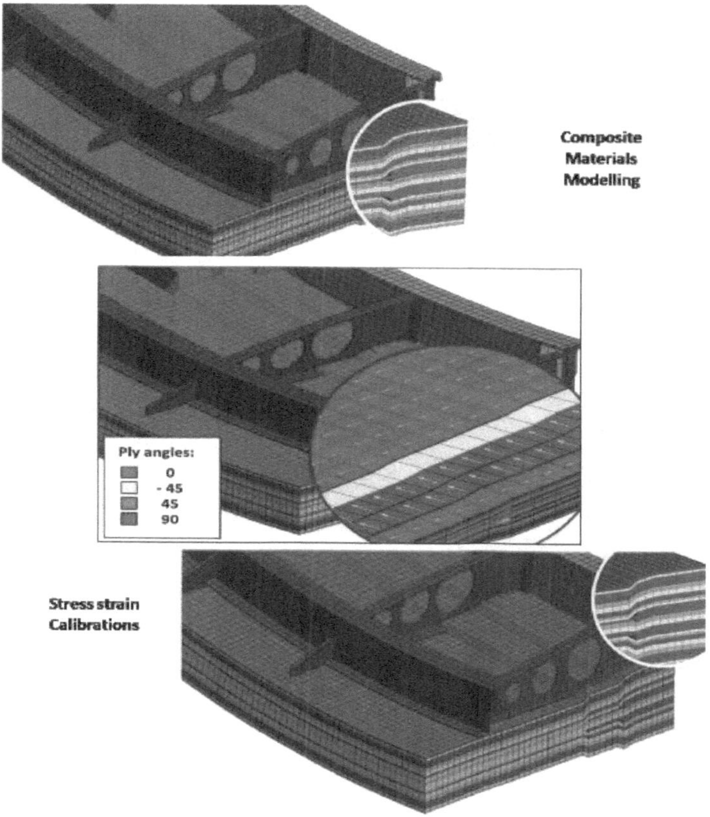

Rysunek 7: Materiały kompozytowe z wykorzystaniem analizy metodą elementów skończonych

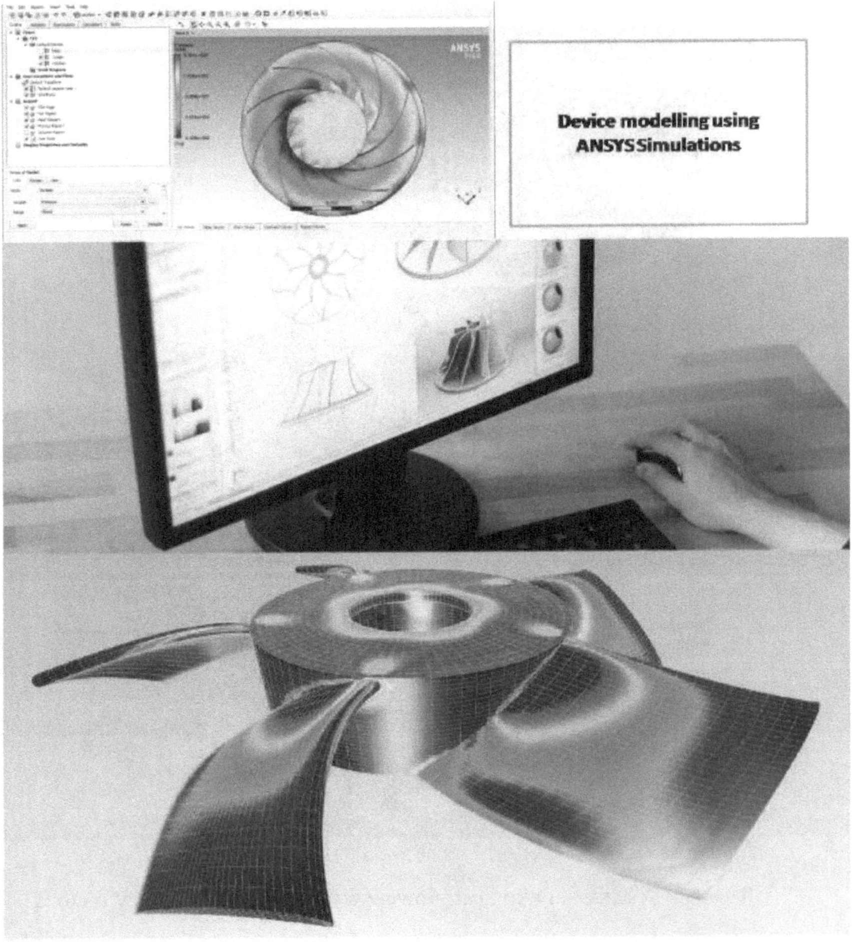

Rysunek 8: Modelowanie urządzeń przy użyciu analizy metodą elementów skończonych

Metody numeryczne:

Metody numeryczne to metody, które dostarczają wartości numeryczne dla niewiadomych. Niewiadome mogą być numerycznymi rozwiązaniami równań różniczkowych w skończonej ilości punktów, niewiadome mogą być numerycznymi rozwiązaniami równań algebraicznych w niektórych punktach, mogą reprezentować interpolacje, gdzie wartości są znane w punktach zewnętrznych i mogą reprezentować ekstrapolację, gdzie wartości są znane w punktach wewnętrznych [10].

Rozważmy równanie algebraiczne $f(x) = 0$.

Napisz to równanie w formie $x = x - \frac{f(x)}{f'(x)}$.

Odpowiedni wzór iteracji jest następujący $x_{n+1} = x_n - \frac{f(x_n)}{f'(x_n)}$.

Z wartością początkową wynoszącą x_0, dla wystarczająco dużego n, wartość x_n mogą być uważane za dobre przybliżone rozwiązanie liczbowe równania $f(x) = 0$. Nazywa się to metodą Newtona-Raphsona.

Weźmy pod uwagę bardziej szczegółowe równanie $x^2 = 2$...dla uproszczenia.

Tutaj $x^2-2 = 0$i $f(x) = x^2-2$i $f'(x) = 2x$.

Formuła Newtona-Raphsona jest $x_{n+1} = x_n - \frac{x_n^2-2}{2x_n}$.

Jeśli przyjmiemy wartość początkową $x_0 = 1$następnie $x_1 = x_0 - \frac{x_0^2-2}{2x_0} = 1.5$.

Następnie $x_2 = x_1 - \frac{x_1^2-2}{2x_1} \approx 1.416 \approx \sqrt{2}$.

Rozważaliśmy tylko jedno równanie z jedną zmienną. Możemy również rozważyć n równań z n zmiennymi, a w tym przypadku odpowiednie zmiany są dokonywane w postaci macierzy i wektorów, a odpowiednia metoda nazywana jest również metodą Newtona [10].

Rozwiązywanie równań jest zawsze częścią wszystkiego. Nanotechnologia jest częścią materialistyki. Synteza materiałów jest częścią nanotechnologii. Synteza odbywa się za pomocą dostarczonej energii cieplnej. Aby podjąć decyzję o zapotrzebowaniu na energię cieplną, można skorzystać z wiedeńskiego prawa wypornościowego, które może wynikać z prawa dystrybucji Plancka, przechodząc przez maksymalizację funkcji dystrybucji. Ta maksymalizacja prowadzi do algebraicznego równania. To równanie jest zwykle rozwiązywane metodą Newtona-Raphsona. Tak więc metoda Newtona-Raphsona ma zastosowanie do jednej prostej rzeczy w materialistyce. Tak więc, rozwiązywanie równań jest częścią wymaganą dla materialistyki [10].

Rozważmy następujący układ równań liniowych, dla uproszczenia.

$$10x + y + z = 13$$

$$x + 10y + z = 13$$

$$x + y + 10z = 13.$$

Przepiszmy równania:

$$x = \frac{1}{10}(13 - y - z)$$

$$y = \frac{1}{10}(13 - x - z)$$

$$z = \frac{1}{10}(13 - x - y).$$

Napiszmy następującą metodę iteracji:

$$x_{n+1} = \frac{1}{10}(13 - y_n - z_n)$$

$$y_{n+1} = \frac{1}{10}(13 - x_n - z_n)$$

$$z_{n+1} = \frac{1}{10}(13 - x_n - y_n).$$

Zacznijmy od wartości początkowych, $x_0 = y_0 = z_0 = 0$. Następnie otrzymujemy wartości $x_1 = y_1 = z_1 = 1.3$. Następnie otrzymujemy wartości $x_2 = y_2 = z_2 =$

$1.04 \approx 1$. Kiedy n jest wystarczająco duże, otrzymujemy x_n, y_n, z_n jako dobre przybliżone wartości liczbowe dla nieznanych wartości x, y, z. Ta ilustrowana metoda nazywana jest metodą Jacobiego. Trzeba wybrać metodę Jacobiego, aby uzyskać liczbowe rozwiązania przybliżone, ponieważ zwykła zasada Cramera, polegająca na uzyskaniu dokładnego rozwiązania, wymaga dużej ilości pamięci, aby wykonać obliczenia. Jak już wcześniej wspomniano, metoda ta może być stosowana za każdym razem, gdy natkniemy się na układ równań liniowych w naukach o materiałach.

Równania różniczkowe pojawiają się wszędzie, także w materialistyce. Dla uproszczenia rozważmy równanie w formie $\frac{dy}{dx} = f(x, y)$. Ogólne rozwiązanie tego równania różniczkowego obejmuje nieskończenie wiele rozwiązań w odniesieniu do jednego parametru. Ogólne rozwiązanie równania różniczkowego n-tego rzędu zawiera n parametrów. W szczególności, istnieje nieskończenie wiele rozwiązań dla równania $\frac{dy}{dx} = f(x, y)$. Wyszukiwanie nieskończenie wielu rozwiązań jednocześnie jest bezsensowne. Załóżmy więc, że musimy znaleźć rozwiązanie tego równania, które również spełnia warunek w postaci $y(x_0) = y_0$. To oznacza, że musimy znaleźć krzywą rozwiązania $y = y(x)$ który przechodzi przez dany punkt

(x_0, y_0). Taka krzywa rozwiązania jest wyjątkowa i poszukajmy tej wyjątkowej krzywej rozwiązania. Ustalmy długość kroku $h > 0$. Przedstawmy punkty $x_n = x_0 + nh$ i $y_n = y(x_n)$ w przypadku liczb całkowitych n. Przypomnijmy sobie wspomnianą wcześniej formułę różnicy w przód:

$$y'(x_k) \approx \frac{y(x_{k+1}) - y(x_k)}{x_{k+1} - x_k} = \frac{y_{k+1} - y_k}{h}$$

Na zmianę wystarczy, że mamy $y_{n+1} = y_n + h\,y'(x_n) = y_n + h\,f(x_n, y_n)$. To jest formuła iteracyjna Eulera. Zastępca x_0, y_0 po prawej stronie w celu uzyskania y_1. Zastępca x_1, y_1 po prawej stronie w celu uzyskania y_2. Można postępować w ten sposób, aby uzyskać $y_1, y_2, y_3, \ldots$ które są przybliżonymi wartościami liczbowymi dla wartości rozwiązań $y(x_1), y(x_2), y(x_3), \ldots$ w punktach $x_1, x_2, x_3, \ldots$ Ta metoda Eulera jest metodą różnic skończonych w tym sensie, że do wyprowadzenia wzoru na metodę Eulera zastosowano wzór na różnice skończone, a mianowicie wzór na różnice terminowe. Istnieje wiele najbardziej obiecujących metod różnic skończonych do rozwiązania wielu zwykłych równań różniczkowych, jak również częściowych równań różniczkowych. Takie równania pojawiają się w materialistyce.

Obliczanie zmian:

W analizie matematycznej, rachunek zmienności jest używany do małych zmian w funkcjach poprzez mapowanie (funkcje maxima i minima). W technologii cienkowarstwowej, rachunek zmienności jest stosowany dla czasu osadzania w odniesieniu do powlekanego materiału. Osadzanie folii z materiałem pokazano na rysunku 9. W tym przypadku warunki osadzenia Sobolewa w twierdzeniu muszą być spełnione przez warunki wzrostu materiału.

W celu znalezienia wzrostu, grubość można znaleźć przy pomocy warunków osadzania Sobolewa [6].

$$f(A) \geq C_0|A|^p - C_1 \text{ dla wszystkich } A \in M^{m\times n}$$

Gdzie,

A to układ cząstek w $m \times n$

C_0 to maksymalny wzrost (osadzanie materiału) w folii

$C1$ to minimalny wzrost (osadzanie materiału) w folii.

W związku z tym, z tej funkcji można znaleźć osadzanie/powlekanie grubości materiałów.

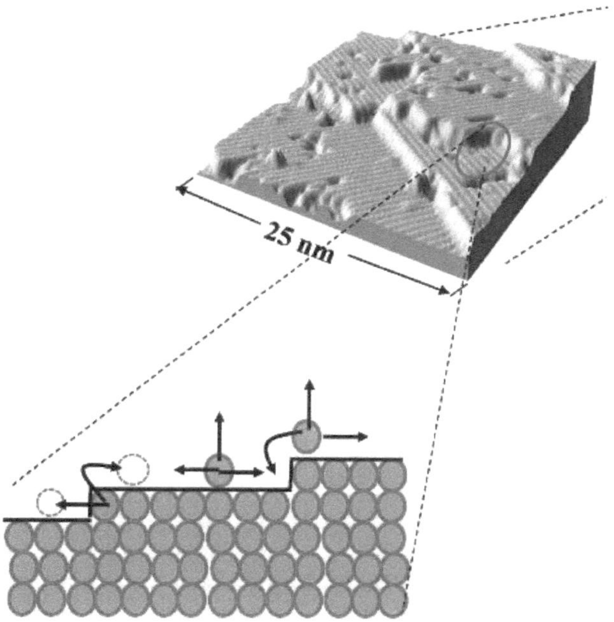

Rysunek 9: Analiza wzrostu na podstawie rachunku zmienności

Z tymi podstawowymi pomysłami,

przejdźmy do części aplikacyjnej dotyczącej materiałoznawstwa.

ROZDZIAŁ- 3

Zastosowania w dziedzinie nanotechnologii

Jeśli cząstki materiału mają maksymalnie $^{10-9}$ metrów długości, wówczas nazywa się je nanocząsteczkami. Materiał o dużych rozmiarach jest często przekształcany na cząsteczki w nanosiatki, ponieważ zachowania materiałów o dużych rozmiarach są zmieniane na nanosiatki. Na przykład, oporność może być zmniejszona, przewodność cieplna może być zwiększona, magnetyzm może być zmniejszony, siła może być zwiększona, itp. przy zmniejszonych rozmiarach. Korzystne zachowania mogą być stosowane w przypadku zmniejszenia rozmiarów. Jeśli nano-cząsteczki można produkować bez zmiany zachowań, to można je stosować do wielu zastosowań. Tak więc materiały są syntezowane w nanocząstki i badane są właściwości nanocząstek. Jedną z metod syntezy jest zastosowanie energii cieplnej. Jedną z metod badania właściwości jest wykorzystanie spektroskopii Ramana. Obie procedury mają pewne wspólne zasady.

Jeśli promień lasera jest wysyłany do materiału, wówczas można obserwować energię i uwalniać ją w postaci fal świetlnych o różnych naturalnych długościach fal. Jeśli materiał może emitować falę świetlną o długości fali λwtedy rozumie się, że energia wiążąca jest uwalniana, gdy występuje jej nadmiar. Z drugiej strony, jeśli fala świetlna o długości fali λ jest wysyłany do tego materiału, wtedy odpowiednia energia wiązania może zostać zakłócona i może spowodować pęknięcie cząsteczek materiału, a tym samym doprowadzić do pęknięcia części materiału. To znaczy, jeżeli energia jest podawana jako wkład, który przekracza E = hv w ciągu jednej sekundy można spodziewać się przerwy w częściach materiału, gdy v przedstawia częstotliwość c/λw którym c reprezentuje prędkość światła w próżni. Mówiąc dokładniej, fala świetlna o długości fali mniejszej niż λ może być zastosowana przerwa w części. Przypomnijmy sobie wiedeńską ustawę o wysiedleniach: $\lambda_{maks.}T = b$w przypadku b jest stałą Wien's. Tutaj $\lambda_{maks.}$ przedstawia długość fali o maksymalnej możliwej intensywności promieni świetlnych emitowanych z ciała czarnego o temperaturze T. Więc, musimy zastosować falę świetlną o długości fali mniejszej niż $\lambda_{maks.} = b/T$w przybliżeniu, spodziewać się przerwy w części. W przeciwnym razie musimy zastosować energię cieplną o temperaturze, która powinna wynosić co najmniej $b/\lambda_{maks.}$aby spodziewać się przerwy w części materiału, która poddana jest energii cieplnej. Oznacza to, że należy zastosować energię cieplną o temperaturze, która jest co najmniej /λ kiedy materiał może emitować naturalnie falę świetlną o długości fali λpo otrzymaniu energii jako wejścia. Oznacza to, że jeśli możemy wykryć w jakiś sposób, że materiał może emitować falę świetlną o długości fali λwtedy możemy zastosować energię cieplną o co najmniej temperaturze b/λaby zmniejszyć rozmiar materiału. Trzeba wiedzieć, że wartość wiedeńskiej stałej b jest 2.898×10^{-3} Metre Kelvin [11]. Musimy wiedzieć tylko jedno. To jest λdługość fali świetlnej emitowanej przez materiał. Kiedy to również będzie znane, wtedy możemy znaleźć wymaganą temperaturę za pomocą wzoru $T = b/\lambda$. Jeżeli przy tej temperaturze zastosowana zostanie energia cieplna, możemy spodziewać się przerw w częściach materiałów, a tym samym zmniejszyć wielkość cząstek materiałów. Są jeszcze dwa pytania, na które potrzebne są odpowiedzi. Jak znaleźć λ? Jak coraz bardziej zmniejszać wielkość cząstek, aż osiągną one rozmiar $^{10-9}$ metrów? Na oba można odpowiedzieć wyjaśniając metody spektroskopii. Do dyskusji brana jest tylko jedna konkretna metoda. To jest spektroskopia Ramana. Inne metody spektroskopii również mają podobny charakter.

W spektroskopii Ramana materiał próbki jest umieszczany pod wiązką laserową, która może być uważana za energię wejściową. Następnie promienie świetlne są emitowane z materiału jako wydatek energii. Mierzone są natężenia fal świetlnych o różnych długościach fal i są one wykreślone na wykresie z osią x jako liczbami fal i osią y jako natężeniami. Tutaj liczby fal są odwrotnością długości fal. To znaczy, jeśli λ jest długość fali i $w = 1/\lambda$ to numer fali. Czasami przesunięcie liczby fal emitowanych promieni w stosunku do liczby fal na wejściu może być reprezentowane w osi x, i to samo można łatwo przekonwertować na zwykły numer fal dla promienia wyjściowego.

Rysunek 10: Szczyty odpowiadają elementom

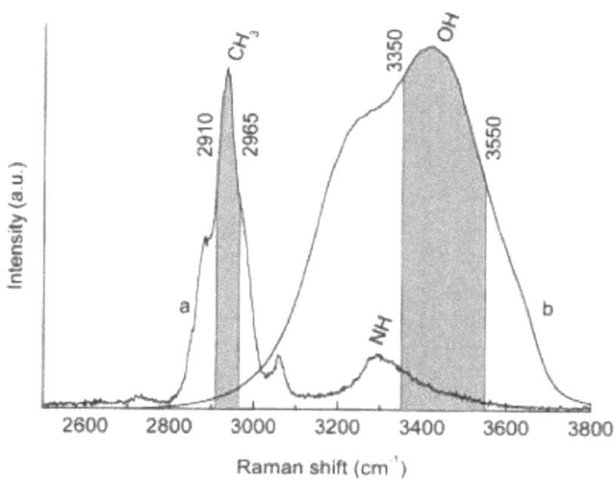

Szczyt na rysunku 10 przedstawia natężenie emitowanej fali świetlnej o określonej liczbie fal. Ta emisja przy danym numerze fali może zostać zidentyfikowana jako obecność niektórych szczególnych elementów, jeśli identyfikacja taka jest dokonywana na podstawie wcześniejszych obserwacji materiałów zawierających te elementy, prowadzących do szczytów w tym numerze fali. Czasami spektroskopia ramanowska może być użyta do ustalenia struktury molekularnej, jak pokazano na rysunku 11.

Rysunek 11: Struktura molekularna

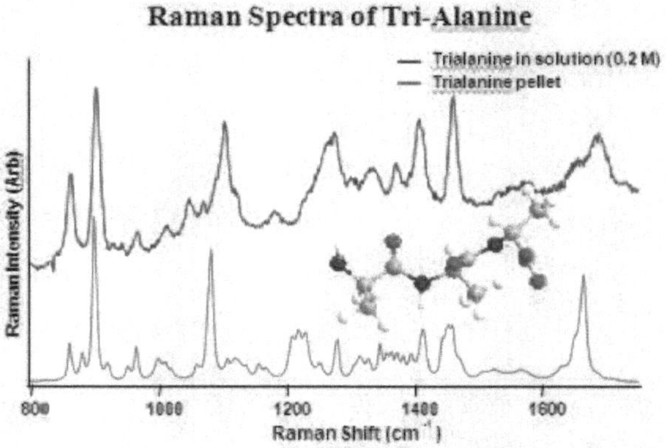

Spektroskopia ramanowska może być również stosowana w odniesieniu do natury tkanek w medycynie, jak pokazano na rycinie 12.

Rysunek 12: Zastosowania w dziedzinie medycyny

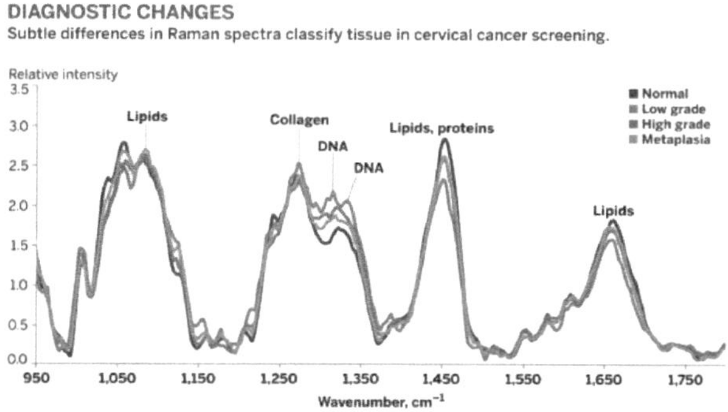

Istnieje wiele takich interpretacji dla spektroskopii ramanowskiej, które są podawane za pomocą plików dla znanych. Przejdźmy jednak do innej interpretacji oznaczającej produkcję nanocząsteczek. Na przykład rozważmy rysunek 13.

Rysunek 13: Liczba fal w zależności od intensywności

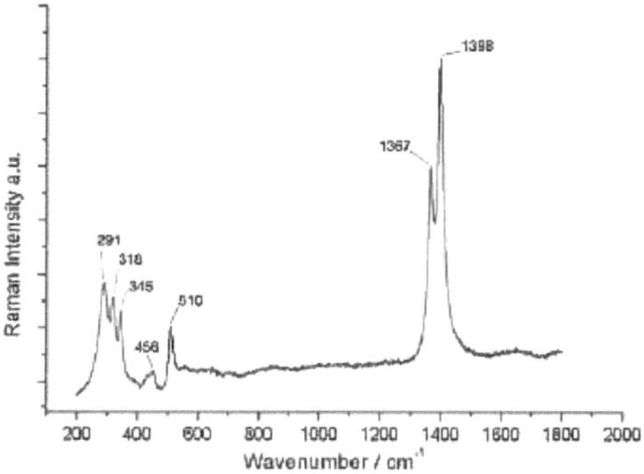

Na fali numer 1398 cm-1 znajduje się szczyt. Zastosujmy teraz formułę $T = b/\lambda$ w formie $T = bw$ gdzie $w = 1/\lambda$ jest używany dla numerów fal. W tym przypadku $T = 2.898 \times 10^{-3} \times 139800 = 405.14$ Kelvin. Oznacza to, że energia cieplna o temperaturze co najmniej 405,14 Kelvina powinna być podana w celu przerwania części wiążących, które emitują fale świetlne o maksymalnej liczbie fal 1398 cm-1. Nie oznacza to, że materiał może zostać całkowicie rozbity w stopniu umożliwiającym uzyskanie nanocząsteczek. Dzieje się tak dlatego, że wszystkie fale świetlne o wszystkich możliwych długościach fal/liczbach fal nie muszą być emitowane, gdy jako energia wejściowa w spektroskopii Ramana używana jest wiązka laserowa o określonej długości fali. Na przykład, inna spektroskopia, zwana spektroskopią w podczerwieni, może dać inną maksymalną emisję liczby fal. W ten sposób, temperatura wymagana do syntezy nanocząsteczek może być ustalona z wyprzedzeniem w przybliżeniu. Jest to tylko przybliżenie, ponieważ wiele fal o prawie wszystkich możliwych długościach może być emitowanych, a my mamy średnią reprezentację za pomocą $\lambda_{maks.}$. Jednak dla celów praktycznych wydaje się to wystarczające.

Podsumujmy teraz. Użyj spektroskopii Ramana (lub innej spektroskopii), aby znaleźć maksymalną liczbę fal w z pikiem do syntezy cząsteczek materiału, który ma być zsyntetyzowany. Użyj formuły $T = bw$ aby znaleźć temperaturę T Wymagane. Zastosuj energię cieplną z temperaturą T do cząsteczek materiału w celu dalszej redukcji rozmiaru. Procedurę można powtórzyć ponownie, aby uzyskać drobne cząstki.

Do wyżej wymienionych zastosowań musimy stosować tylko obliczenia arytmetyczne. Jednak to zależy od prawa Wien'a o wysiedleniach. Prawo to można wyprowadzić z prawa dystrybucji Plancka za pomocą metody numerycznej Newtona-Raphsona. Klasyczna derywacja ma być podana poniżej.

Zacznijmy od prawa promieniowania Plancka w formie:

$$f(\lambda) = \frac{2\pi c^2 h}{\lambda^5}\left(e^{hc/\lambda kT} - 1\right)^{-1}$$

Tutaj, f(λ) zapewnia proporcjonalną intensywność promieniowania o długości fali λ z ciała czarnego z temperaturą T. Aby znaleźć $\lambda_{maks.}$długość fali, dla której intensywność jest maksymalna, pochodna pierwszego rzędu z f(λ) powinno być zero. To znaczy,

$$\frac{df(\lambda)}{d\lambda} = 0$$

Jeśli postawimy α = ch/λkTwtedy poprzednie równanie staje się

$$\alpha - 5 + 5e^{-\alpha} = 0$$

Napiszmy F(α) = α-5 + 5e$^{-\alpha}$. Wtedy mamy

$$F'(\alpha) = 1 - 5e^{-\alpha}$$

Odpowiedni wzór iteracji Newtona-Raphsona staje się $\alpha_{i+1} = \alpha_i - \frac{F(\alpha_i)}{F'(\alpha_i)}$. Jeśli użyjemy tego wzoru, otrzymamy wartość α jak

$$\alpha = 4.9651142$$

Zastąpmy to w relacji

$$\lambda = \frac{hc}{\alpha kT}$$

w celu uzyskania wartości

$$\lambda_{max} = 2.897 \times 10^{-3} \times T^{-1}\ Metre$$

kiedy wartości stałej Plancka h, prędkość światła ci stała Boltzmann'a k są zastępowane.

To zapewnia wiedeńską ustawę o wysiedleniach $\lambda_{maks.}T$ = bw przypadku b = 2.897 × 10^{-3} Kelvin Metr jest stałą Wien's.

Poprzednią optymalizację możemy również uznać za część rachunku wahań. Jeśli obiektywna wartość problemu z optymalizacją jest wartością liczbową, to problem nie może być uwzględniony w rachunku zmienności. Jeśli obiektywna wartość problemu optymalizacyjnego jest sama w sobie funkcją, wówczas problem może zostać poddany rachunku zmienności. Klasyczna metoda w obliczaniu zmienności również obramowuje zróżnicowanie w odniesieniu do parametrów równających się zeru. Tutaj rozróżnienie w odniesieniu do zmiennej jest równe zeru, a ostateczne rozwiązanie jest funkcją w odniesieniu do zmiennej T. W ten sposób poprzedni może być również uważany za zastosowanie rachunku zmian.

Fazy topologiczne w nanotechnologii:

Nagrodę Nobla z fizyki za rok 2016 otrzymali David J. Thouless, F. Duncan M. Haldane i J. Michael Kosterlitz "za teoretyczne odkrycia topologicznych przejść fazowych i topologicznych faz materii". Tutaj, fazy oznaczają różne stany. Topologia ma ścisłą definicję w matematyce. Topologia jest zbiorem podzestawów niepustego zestawu, który zawiera pusty zestaw i cały zestaw, który jest zamknięty pod wszystkimi związkami, a który jest zamknięty pod wszystkimi skończonymi skrzyżowaniami. Istnieje jednak jeszcze jedna potoczna definicja: Topologia to geometria arkusza gumy. Obydwa nie były wykorzystywane przez trzech wyżej wymienionych materialnych naukowców, ani przez żadnego z klasycznych fizyków. Zobacz zbiór artykułów/artykułów w książce: Rola topologii według materiałów, pod redakcją S. Gupty i A. Saxeny, Wydawnictwo Springer. Ta sama książka zawiera jeden rozdział dotyczący nanomateriałów węglowych w połączeniu z nanorurkami. Topologia dla wszystkich nie-matematyków to geometria pola wektorowego. W celu zapoznania się z danymi liczbowymi podanymi na rysunku 14. Każdy wzór w figurach odpowiada danemu stanowi/fazie, a wzory te są uważane za topologiczne.

Rysunek 14: Topologiczne pola wektorowe

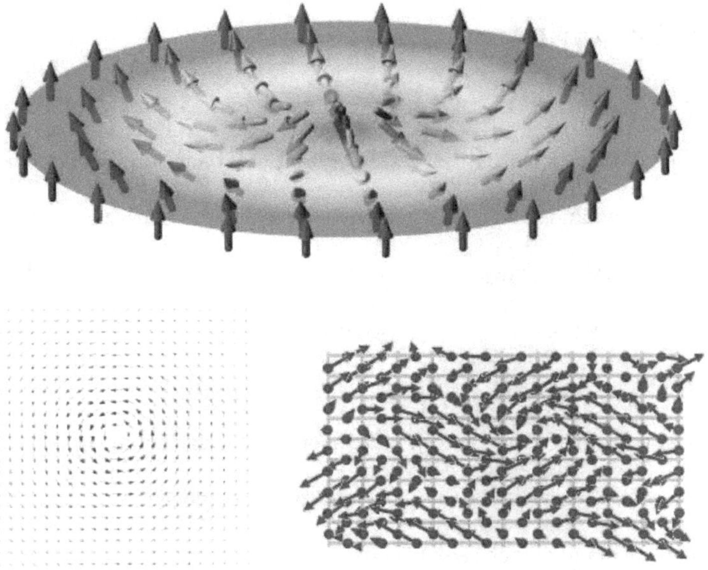

Omówmy, jak matematycznie wykorzystać tę topologiczną geometrię wektorową do interpretacji w nanotechnologii. W tym celu wyjaśnijmy jeszcze kilka rzeczy z matematyki.

Rozważ zestaw A w linii R lub w samolocie $R^2 = R \times R$ lub w przestrzeni $R^3 = R \times R \times R$w przypadku R reprezentuje prawdziwą linię. Element x w A jest uważany za stały punkt mapowania f: A → Ajeśli f(x) = xto znaczy, jeśli f Wysyła x do x sama. Zestaw A mówi się, że jest wypukły, jeśli $\alpha x +$ $(1\text{-}\alpha)y \in$

A, dla wszystko x oraz y w A oraz dla wszystko α satysfakcjonujący $0 \leq \alpha \leq$ 1. Zestaw A Mówi się, że jest zamknięty, jeśli dla dowolnej sekwencji $(x_n)_{n=1}^{\infty}$ w zestawie A dla którego istnieje punkt graniczny x sekwencji, punktu x należy do A. Zestaw A Mówi się, że jest ograniczona, jeśli istnieje skończona stała M tak aby $d(x, y) \leq M$, dla wszystko x oraz y w Aw przypadku d(x, y) przedstawia zwykłą odległość między punktami x oraz y.f: A → A jest uważany za ciągły w punkcie x w Ajeśli dla dowolnej sekwencji $(x_n)_{n=1}^{\infty}$w A zbiegający się do x w odniesieniu do funkcji odległości, kolejność $\left(f(x_n)\right)_{n=1}^{\infty}$ zbiega się do f(x). Funkcja f: A → A uważa się za ciągły (w całym zestawie), jeśli jest ciągły w każdym punkcie zestawu A. Dzięki tym eliminacjom możemy teraz przedstawić konkretny przypadek słynnego teormu stałego punktu Brouwera.

TOREUM: Niech **A** być niepustym zamkniętym, wypukłym podzbiorem ograniczonym do **R** lub $\mathbf{R}^2$ lub $\mathbf{R}^3$. Niech **f: A → A** być ciągłym mapowaniem. Następnie funkcja **f** ma stały punkt w zestawie **A**.

Weźmy pod uwagę cylindryczny drut metalowy o okrągłym przekroju tarczy. Niech prąd stały przepłynie przez przewód. Niech A jest to stały, prostopadły przekrój poprzeczny, który może być uważany za podzbiór płaszczyzny. W każdym momencie xz Aniech e_x oznaczają wektor jednostkowy w kierunku ruchu elektronu w punkcie xkiedy wektor ma swój ogon w punkcie. xniech d_x oznaczać głowę wektora, gdy wektor nie przecina ściany przewodu, niech d_x oznaczają punkt przecięcia w ścianie, gdy wektor przecina ścianę przewodu (przecięcie jest co najwyżej jednym punktem, ponieważ A jest wypukły, i niech f(x) oznaczają rzut prostopadły punktu d_x w części samolotowej A. Następnie funkcja f: A → A jest funkcją ciągłą. Zgodnie z wyżej wymienionym twierdzeniem funkcja ta f ma stały punkt, powiedzmy, y w A. Jeśli chodzi o punkt y jest wystarczająco wnętrze Alub jeśli punkt y leży dokładnie na granicy Aa następnie zwiększa się przewodnictwo. Jeśli chodzi o punkt y znajduje się w pobliżu granicy Ato jest szansa na spadek przewodnictwa. Ale te przypadki zdarzają się w zależności od struktury i wielkości cząstek materiału. Jest to powód zmian w przewodnictwie w nanomateriałach. W ten sposób możemy wyjaśnić zmiany w zachowaniach nanocząsteczek za pomocą przyczyn topologicznych.

Wymiar frakcyjny dla nanomateriałów:

Istnieje jedna koncepcja gęstości zwana gęstością objętościową. Objętość materii umieszczonej wewnątrz kostki jednostkowej nazywana jest gęstością objętościową materii. W każdym momencie x gęstość objętościowa może być rozpatrywana w następującym znaczeniu. Niech V być objętością sześcianu zawierającego punkt x w swoim wnętrzu, i niech W to rzeczywista objętość zajmowana przez materiał w tej kostce. Załóżmy, że istnieje granica ρ_x dla proporcji W/Vponieważ rozmiar kostki jest zmniejszony tak, że V ma tendencję do zera. W ten sposób możliwe jest zdefiniowanie gęstości objętości w każdym punkcie jako tej wartości granicznej. Zwykła gęstość to gęstość masy. Możemy zdefiniować gęstość materii lokalnie w każdym punkcie, jak również globalnie dla całego materiału (lub) materii. Gdy materiał jest jednolity, gęstość globalna pokrywa się z gęstością lokalną w każdym punkcie. Istnieje jeszcze jedna gęstość, którą można zdefiniować zarówno lokalnie, jak i globalnie. Ta gęstość jest gęstością wymiarową, która również zależy od objętości. Matematyka dostarcza wielu metod definiowania gęstości wymiarów w kategoriach wielu różnych rodzajów wymiarów ułamkowych. Zdefiniujemy tylko jeden wymiar ułamkowy, który jest używany przez wielu naukowców. To się nazywa wymiar Hausdorffa. Będziemy interpretować ten wymiar jako gęstość wymiarów.

Przypomnijmy sobie notację $d(x, y)$ używany do określenia zwykłej odległości między dwoma punktami x i y w R^3. Zastanówmy się R jak x -Oś i R^2 jak x y-samolot tak, że są one uważane za podprzestrzenienie R^3. Niech A być podzbiorem R^3. Niech D iagram A oznaczają najmniejszą górną granicę dla wszystkich wartości $d(x, y)$kiedy x i y to wszystkie możliwe punkty w A. Innymi słowami dla "najmniejszej górnej granicy" są "supremum" i "maksymalna możliwa wartość". Teraz, rozważmy inny zestaw E dla którego ma być zdefiniowany wymiar Hausdorffa. Dla danego $\varepsilon > 0$niech $(A_n)_{n=1}^{\infty}$ być arbitralną sekwencją podzbiorów R^3 tak aby E jest zawarty w unii tej sekwencji zestawów, dla których d iament $(A_n) < \varepsilon$za każde n. Do każdej pozytywnej liczby rzeczywistej α zdefiniujmy $H_{\alpha,\varepsilon}(E)$ jako minimalną możliwą wartość $\sum_{n=1}^{\infty}(d\ \text{iament}\ (A_n))^{\alpha}$ kiedy wszystkie możliwości są rozważane nad sekwencjami $(A_n)_{n=1}^{\infty}$ wspomniany powyżej. Do każdej pozytywnej liczby rzeczywistej

α zdefiniujmy H_{α} (E) jako minimalną możliwą wartość $H_{\alpha,\varepsilon}$ (E)kiedy wszystkie możliwości są rozważane nad pozytywnymi liczbami rzeczywistymi $\varepsilon > 0$. Potem jest unikalny numer d im E tak aby $H_{\alpha}(E) = \infty$ dla wszystkich $\alpha <$ d im E, $H_{\alpha}(E) = 0$ dla wszystkich $\alpha >$ d im E i $0 \leq$ d im E ≤ 3. Ten unikalny numer d im E nazywany jest wymiarem Hausdorffa zestawu E. Ten unikalny numer może przyjąć dowolną wartość w zamkniętym przedziale czasu $[0,3] = \{x \text{ w } R: 0 \leq x \leq 3\}$.

Dla dwóch dowolnych liczb rzeczywistych a < bużyjmy matematycznej notacji [a, b] dla oznaczenia zestawu $\{x \text{ w } R: a \leq x \leq b\}$i użyjmy matematycznej notacji a ,b) dla oznaczenia zestawu $\{x \text{ in } R: a < x < b\}$. Weź pod uwagę zamknięty przedział czasowy [0,1]. Usunąć środkową jedną trzecią rozmiaru odstępu otwartego $(\frac{1}{3}, \frac{2}{3})$ w celu uzyskania połączenia dwóch zamkniętych przedziałów czasowych $[0, \frac{1}{3}] \cup [\frac{2}{3}, 1]$. W każdym z dwóch zamkniętych subzakresów, usunąć środkową jedną trzecią rozmiaru otwartych przedziałów w każdym z nich, aby uzyskać połączenie czterech zamkniętych przedziałów. W każdym z czterech zamkniętych subzakresów usunąć środkową jedną trzecią rozmiaru otwartych przedziałów w każdym z nich, aby uzyskać połączenie ośmiu zamkniętych przedziałów. Kontynuuj tę procedurę; przejdź przez skrzyżowanie wszystkich tych złączy podrzędnych, aby otrzymać zestaw zwany zestawem Cantor. Wymiar Hausdorffa to $\frac{D \quad \text{ziennik} 2}{D \quad \text{ziennik} 3}$ co jest ułamkiem w $[0 \quad ,1]$. Tak więc istnieje szansa na ułamkowy wymiar dla zestawu. Należy przestrzegać definicji wymiaru Hausdorffa, aby ocenić tę wartość. Jeśli jednak część konstrukcji zestawu jest wykonywana za pomocą powtarzalnej procedury, wówczas teoria matematyczna wyprowadziła uproszczone wzory do oceny wymiaru Hausdorffa takich zestawów.

Wymiar Hausdorffa w każdym z zestawów $(0 \quad ,1)$, $(\sqrt{5}$

$,1 \quad 0^{1} \quad ^{5})$, R, $[\quad -5,-2]$, $\{(x \quad ,y)$

$w R^{2} \quad : x = 5\}$, $\{(x \quad ,y) \; w R^{2}$

$: y^{2} \quad = 11\}$, $\{(x \quad ,y,z) \quad w R^{3}$

$: x^{2} \quad + y^{2} \quad + z^{2} \quad = \sqrt{7} \quad \}$

, $\{(x, y, z)$ w $R^3 : x = y = z\}$ jest 1. wymiar Hausdorffa w każdym z zestawów $\{(x, y)$ w $R^2 : x^2 + y^2 \geq 5\}$, $\{(x, y)$ w $R^2 : x > 1, y < 1\}$, R^2, $\{(x, y, z)$ w $R^3 : x = 5, y > 9, z^3 < -6\}$ jest 2. $\{(x, y, z)$ w $R^3 : x^2 + y^2 + z^2 > \sqrt{7}\}$, $\{(x, y, z)$ w $R^3 : x^2 + z^2 < 8\}$, R^3, $\{(x, y, z)$ w $R^3 : x > 7, y < 9, z > -2\}$ jest 3. wymiar Hausdorffa w każdym z zestawów $\{(4, -1, 7)$ w $R^3\}$, $\{(5, 2), (8, -1), (7, \sqrt[3]{1}\ 1)$ w $R^2\}$,

{1,2,3,... w R} to 0. Te przykłady i wartości dadzą pewne pojęcie o wymiarze Hausdorffa.

Kiedy rozważamy jakiś materiał w przestrzeni jako podzbiór przestrzeni, i jeśli możemy znaleźć wymiar zestawu Hausdorffa, wówczas ta wartość wymiaru jest uważana za gęstość wymiarową materiału. Jeśli cząstki materiału są równomiernie rozmieszczone, gęstość wymiarowa jakiejkolwiek części materiału wewnątrz sześcianu pokrywa się z gęstością wymiarową całego materiału. Dlatego też ta gęstość wymiarów ma zastosowanie zarówno lokalnie, jak i globalnie. Tak więc, ten wymiar nanocząstek Hausdorffa z pewnością pomoże zrozumieć zmiany behawioralne nanocząstek. Oczekuje się, że będzie on stosowany w przyszłości.

ROZDZIAŁ- 4

Matematyka i symulacje dotyczące tworzenia urządzeń

Zastosowanie matematyki jest zarówno w naukach teoretycznych, jak i eksperymentalnych. Jest jeszcze jedna część materialistyki. To jest urządzenie do robienia. Najważniejszym narzędziem do analizy tworzenia urządzeń są symulacje, przed wdrożeniem teorii do celów praktycznych. W tym rozdziale omówiono produkcję urządzeń do różnych zastosowań. Symulacje tworzenia urządzeń zależą od pakietów/programów. Te pakiety/oprogramowanie zależą od algorytmów. Algorytmy te opierają się na myśleniu logicznym oraz na formułach i teorii matematycznej.

Potrzebne oprogramowanie symulacyjne:

- SOLIDWORKI
- COMSOL- Multiphysics

SOLIDWORKS:

SOLIDWORKS oparty jest na oprogramowaniu CAD, które pomaga w projektowaniu nad funkcjami mechanicznymi dowolnej części [12]. Projekty pracy mechanicznej opierają się na czterech zadaniach. Są,

- Podstawy
- Części
- Zespoły
- Zadanie inżynieryjne

Podstawy:

Wszystkie prace SDOLIDWORKS są definiowane przez geometrię modelu 3D przy pomocy wybranych elementów. Wyznaczenie modelu geometrycznego musi mieć kształt, krawędzie, powierzchnie czołowe i powierzchnie. Z tych rzeczy możemy złożyć model 3D do naszych potrzebnych aplikacji [13]. Wszystkie parametry są takie same dla modelu geometrii 2D. Rysunki 15 i 16 pokazują charakter modelu z sześcioma zaciskami (Origin, Planes, Axis, Face, Edge, i Vertex).

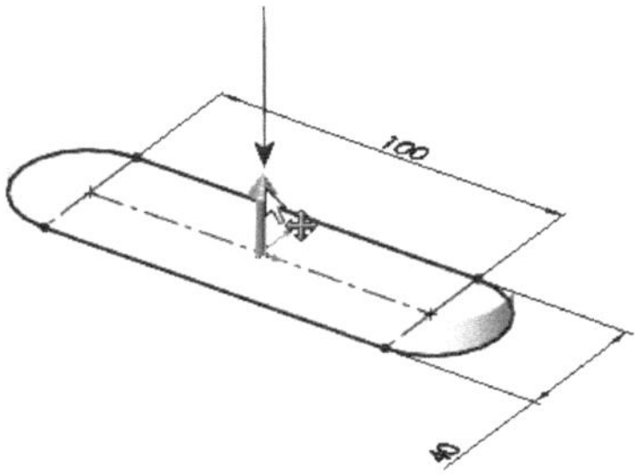

Rysunek 15: Model geometrii 2D

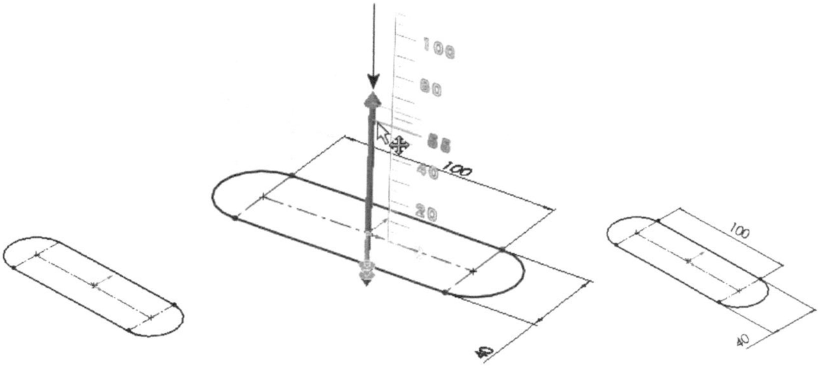

Rysunek 16: Model geometrii 3D

<u>Części:</u>

W celu wykonania układów mechanicznych musimy dobrać odpowiednie materiały (np. srebro, miedź, aluminium, cyna, ołów lub kompozyty) i wykonać funkcję stopniowej geometrii urządzenia [12]. Rysunek 17 przedstawia tworzenie się części za pomocą oprogramowania do symulacji SOLIDWORKS.

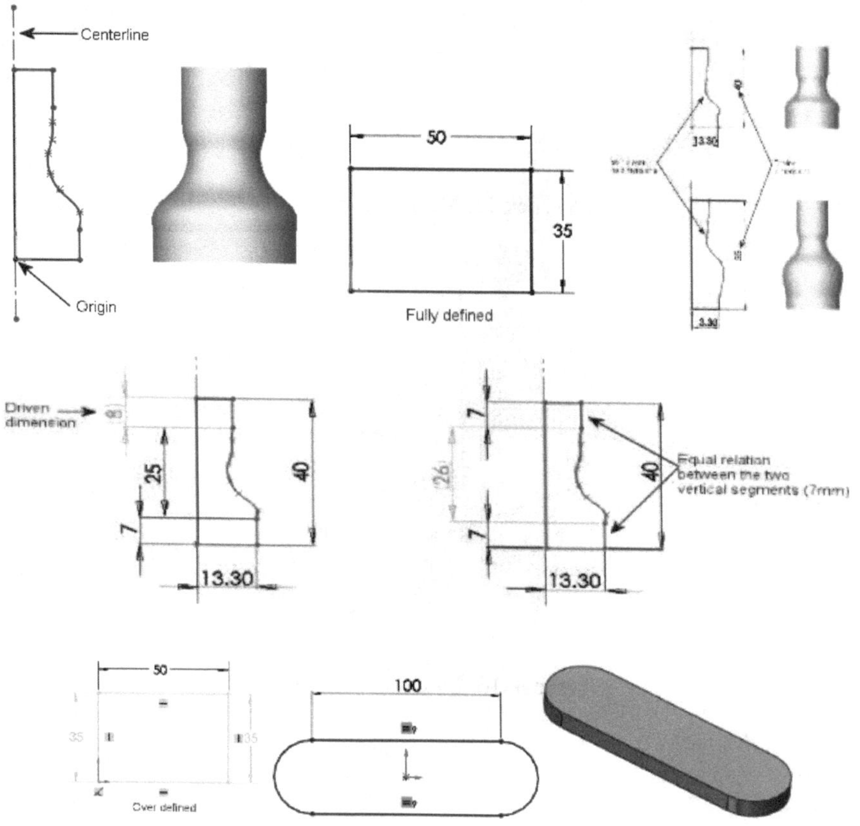

Rysunek 17: Formacje części

Zespoły:

Kombinacja wielu części połączonych razem zwana Zespołami (Rys.18). Zmontowane części mogą być bezpośrednio wykorzystane do aplikacji i powinny stanowić uzupełnienie systemu zarządzania zadaniami inżynierskimi [13].

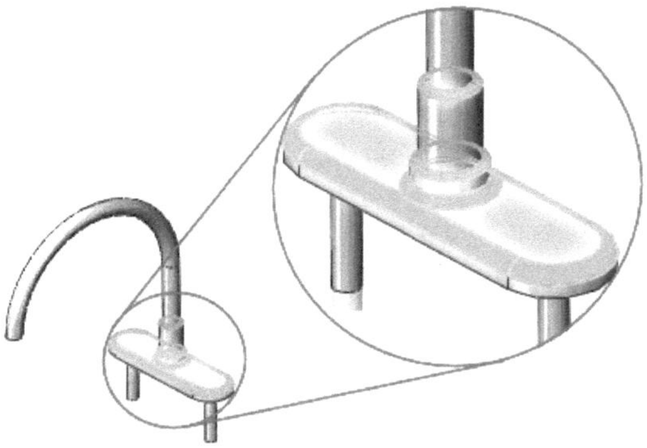

Rysunek 18: Montaż części w zależności od potrzeb.

Zadanie inżynieryjne:

Zadanie inżynieryjne przebiega na dwa sposoby:

- Tryb ręczny
- Tryb automatyczny

W trybie ręcznym, obsługa urządzenia musi być odpowiednia dla szerokiego, standardowego i wysokiego formatu. W trybie automatycznym działanie urządzenia mechanicznego jest podzielone na trzy części: Current, New i New subassembly. Tryb automatyczny pomaga sprawdzić naprężenia i siły; dzięki temu decyzja o konformacji podczas symulacji staje się idealną pracą.

COMSOL- Multiphysics:

COMSOL Multiphysics to oprogramowanie symulacyjne, które pomaga w projektowaniu małych urządzeń elektronicznych; projektowanie odbywa się przy pomocy metody analizy metodą elementów skończonych [14]. Matematyka różnicowa odgrywa główną rolę w generowaniu siatki i parametrów.

Multifizyka jest potrzebna do tworzenia urządzeń takich jak diody półprzewodnikowe, słoneczne, LED i innych zastosowań optycznych. Dlatego też dla różnych zastosowań należy zwrócić uwagę na następujące parametry:

- geometria 3D
- Generator siatki
- Włączenia zachowań materialnych
- Analiza wydajności

Geometria 3D:

Rysunek 19 przedstawia tworzenie geometrii 3D poprzez COMSOL-Multiphysics, geometria 3D została stworzona przy użyciu (x, y, z) współrzędnych kartezjańskich. System został stworzony z odpowiednią formacją o charakterze elektrycznym, termicznym, optycznym. Następnie przechodzi on w proces siatkowy [15].

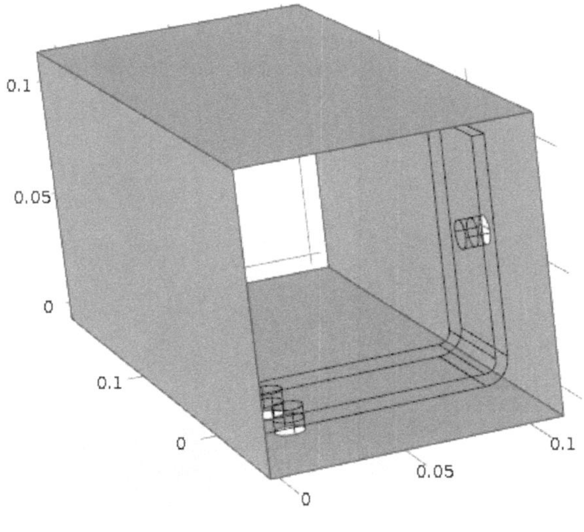

Rysunek 19: Tworzenie geometrii 3D za pomocą COMSOL-Multiphysics

Pokolenie Mesh:

Siatka to formacja elementów w jeden obiekt, jej wytworzenie pomaga w analizie funkcji (termicznej, elektrycznej i optycznej - rys. 20). Odpowiedni materiał nadaje tym funkcjom dobrą wydajność [14, 15]. Tymczasem potrzebujemy technik matematycznych, które zbadają dobre funkcje każdego z elementów urządzenia. Najpopularniejszą techniką matematyczną jest analiza metodą elementów skończonych, która służy do analizy parametrów aplikacyjnych, takich jak charakter termiczny i elektryczny.

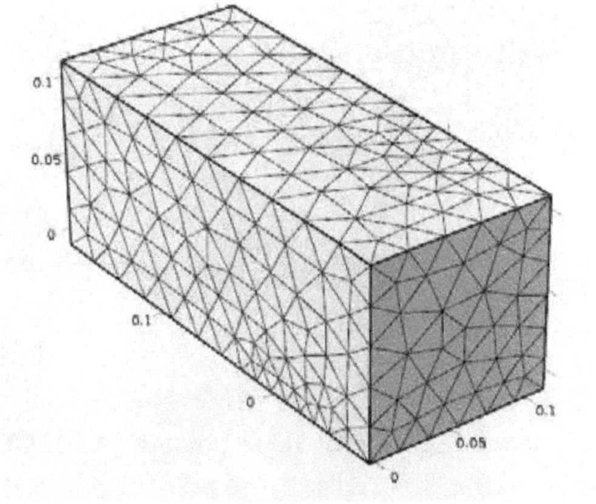

Rysunek 20: Generacja siatki na urządzeniu

Włączenie zachowania materialnego:

Zachowanie się materiałów może być rozwiązane przy odpowiednich dla danego materiału właściwościach. W materiale, materiały zostały wybrane z pudełka narzędziowego. Jeśli użytkownik tworzy materiał, to powinien posiadać pewne podstawowe parametry [14, 16].

Są,

- Elastyczność
- Stres
- Szczelina
- Gęstość zaludnienia
- Tom
- temperatura topnienia
- temperatura wrzenia
- Ostatnim z nich jest parametr aplikacji. (Solar= IV, Supercapacitor=CV, Battery=ładowanie/rozładowanie)

Są to parametry, które powinny być uwzględnione w celu znalezienia wydajności.

Analiza wydajności:

Wydajność urządzenia jest analizowana tylko dla naszej potrzebnej aplikacji. Rysunek 21 jest tu przykładem zastosowania urządzeń do analizy temperatury. Wydajność jest zróżnicowana w zależności od konstrukcji i zachowania materiału.

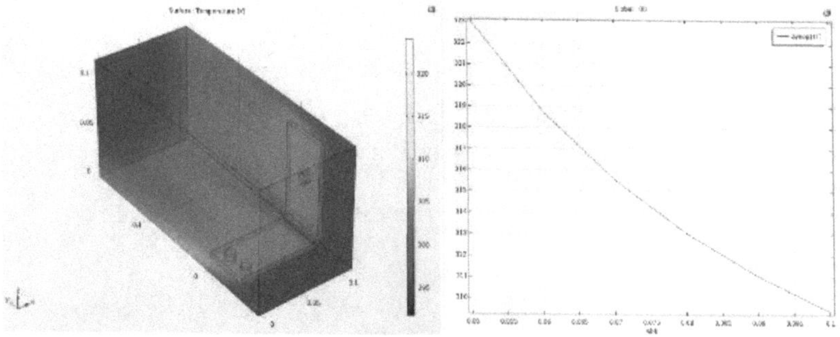

Rysunek 21: Analiza temperatury

Wszystkie te czynniki powinny być brane pod uwagę podczas przeprowadzania symulacji w produkcji urządzeń. Stąd też matematyka i symulacje są niezbędne w tworzeniu urządzeń, kiedy to tworzenie urządzeń jest niemal końcową częścią analizy materiałów przed ich zastosowaniem [16-18].

ROZDZIAŁ- 5

Wniosek

W rozdziale 1 omówiono podstawowe części z zakresu materiałoznawstwa oraz poznanie rzeczywistych faktów, które odgrywają rolę w materiałach. W rozdziale 2 omówiono doskonałą i odpowiednią rolę matematyki w dziedzinie nauk o materiałach. Numeryczna, skończona analiza elementów oraz przekrój linii na badaniach materiałowych pokazują wykorzystanie matematyki w analizie materiału. Przyszły zakres materiałoznawstwa zależy od zaprojektowania, wykonania i analizy działania urządzeń. W rozdziale 4 omówiono projektowanie i analizę wydajności z wykorzystaniem podstawowych reguł matematycznych i programowania omówionych w rozdziale 2.

Wyniki symulacji są zawsze istotne dla przyszłego zakresu. Dlatego też łącznik pomiędzy matematyką i materiałoznawstwem jest ukierunkowany na dziedzinę projektowania urządzeń i analizy wydajności. Różne pakiety miękkie, takie jak MATLAB, COMSOL-Multiphysics i SOLIDWORKS, pomagają nam połączyć matematykę z badaniami z zakresu nauk o materiałach.

Przyszły zakres będzie na tyle dobry, że możliwe będzie wykonanie urządzenia z wynikami symulacji. Dlatego też potrzeba matematyki jest ważniejsza w dziedzinie materiałoznawstwa. Więcej zastosowań matematyki zostało przedstawionych w rozdziale 3, w związku z nanotechnologią. Dokładniej mówiąc, omówiono metody stosowania metod algebraicznych, numerycznych, geometrii topologicznej, rachunku zmienności, gęstości wymiarowej. Matematyka nie może być oddzielona od matematyki.

Bibliografia

[1] Kittel, Charles, Paul McEuen, i Paul McEuen. *Wprowadzenie do fizyki ciała stałego*. Vol. 8. Nowy Jork: Wiley, 1976.

[2] Patterson, James Deane, i Bernard C. Bailey. *Fizyka ciała stałego: wprowadzenie do teorii*. Springer Science & Business Media, 2007.

[3] Prawa, Priscilla W. "Fizyka oparta na rachunku bez wykładów." *Fizyka dzisiaj* 44.12 (1991): 24-31.

[4] Pietronero, Luciano i Erio Tosatti, eds. *Fraktale w fizyce*. Elsevier, 2012.

[5] Mecozzi, Antonio, i Jesper Mork. "Efekty nasycenia w nie zdegenerowanym, czterofalowym mieszaniu pomiędzy krótkimi impulsami optycznymi we wzmacniaczach laserów półprzewodnikowych." *IEEE Journal of Selected Topics in Quantum Electronics* 3.5 (1997): 1190-1207.

[6] Piłka, John M. "Rachunek wariacji i materiałoznawstwa." Kwartalnik *Matematyki Stosowanej* 56,4 (1998): 719-740.

[7] Khabbaz, R. Sarfaraz, i inni. "Uproszczone podejście do wyboru materiałów w projektowaniu maszyn". *Materiały i projekty 30.*3 (2009): 687-697.

[8] Kotani, Motoko, i Susumu Ikeda. "Materiały inspirowane matematyką." *Nauka i technologia zaawansowanych MaTerialS* 17.1 (2016): 253-259.

[9] De Borst, René, et al. *Nieliniowa analiza elementów skończonych ciał stałych i struktur*. John Wiley & Sons, 2012.

[10] Schäfer, Michael. *Inżynieria komputerowa: Wprowadzenie do metod numerycznych*. Vol. 321. Berlin: Springer, 2006.

[11] Moorthy, C. Ganesa. "Zastosowanie spektroskopii ramanowskiej do kontroli zanieczyszczeń przy użyciu numerów fal". *Int. J. of Environmental Pollution & Environmental Modelling 2.1* (2019): 44-47.

[12] Shih, Randy. *Wprowadzenie do analizy metodą elementów skończonych z wykorzystaniem symulacji bryłowej 2014*. Publikacje SDC, 2014.

[13] Petrova, Radostina V. *Wprowadzenie do analizy statycznej z wykorzystaniem symulacji SolidWorks*. CRC Press, 2014.

[14] Zimmerman, William BJ. *Modelowanie wielofizyczne z wykorzystaniem metod elementów skończonych*. Tom 18. World Scientific Publishing Company, 2006.

[15] Multiphysics, C. O. M. S. O. L. "Wprowadzenie do COMSOL Multiphysics®." *COMSOL Multiphysics, Burlington, MA, dostęp 9 lutego* (1998): 2018 r.

[16] Syaifudin, AR Mohd, S. C. Mukhopadhyay i P. L. Yu. "Obliczenia pola elektromagnetycznego przy użyciu COMSOL Multiphysics w celu oceny

wydajności nowych czujników międzycyfrowych." *2009 Applied Electromagnetics Conference (AEMC)*. IEEE, 2009.

[17] Singha. Kamini, i Steven P. Loheide II. "Łącząc modelowanie fizyczne i numeryczne w hydrogeologii z eksperymentami na zbiornikach piasku i COMSOL Multiphysics." *International Journal of Science Education* 33.4 (2011): 547-571.

[18] Udhaya Sankar, G., C. Ganesa Moorthy, i G. RajKumar. "Smart Storage Systems for Electric Vehicles-A Review." *Smart Science* 7.1 (2019): 1-15.

FSC
www.fsc.org
MIX
Papier | Fördert
gute Waldnutzung
FSC® C083411

Kolibri 360 GmbH
Ferdinand-Jühlke-Straße 7
99095 Erfurt, Deutschland
produktsicherheit@kolibri360.de

Druck:
CPI Druckdienstleistungen GmbH
im Auftrag der
Kolibri 360 GmbH
Ferdinand-Jühlke-Str. 7
99095 Erfurt